板栗
高产栽培技术

BANLI GAOCHAN ZAIPEI JISHU

何佳林　吕平会　主编

中国科学技术出版社
·北　京·

图书在版编目（CIP）数据

板栗高产栽培技术 / 何佳林，吕平会主编 . —北京：
中国科学技术出版社，2017.6
ISBN 978-7-5046-7494-4

Ⅰ. ①板… Ⅱ. ①何… ②吕… Ⅲ. ①板栗—果树园艺
Ⅳ. ① S664.2

中国版本图书馆 CIP 数据核字（2017）第 094827 号

策划编辑	刘　聪　王绍昱
责任编辑	刘　聪　王绍昱
装帧设计	中文天地
责任校对	焦　宁
责任印制	徐　飞

出　　版	中国科学技术出版社
发　　行	中国科学技术出版社发行部
地　　址	北京市海淀区中关村南大街16号
邮　　编	100081
发行电话	010-62173865
传　　真	010-62173081
网　　址	http://www.cspbooks.com.cn

开　　本	889mm × 1194mm　1/32
字　　数	147千字
印　　张	6.375
版　　次	2017年6月第1版
印　　次	2017年6月第1次印刷
印　　刷	北京威远印刷有限公司
书　　号	ISBN 978-7-5046-7494-4 / S · 644
定　　价	22.00元

本书编委会

主　编

何佳林　吕平会

编著者

魏养利　季志平　王鸿喆

何景峰　王祥坤　李联队

Preface 前言

板栗在我国栽培历史悠久，是我国传统的特色坚果，素有“铁杆庄稼”和“木本粮食”之称。中国板栗在世界食用栗中占有重要位置，是世界各国进行食用栗品种改良的重要基因资源，以品质优良、抗逆性强而著称，备受国内外消费者喜爱，主要销往日本、东南亚等地。中国板栗产量一直上升，为世界之最，2013年年产量为165.98万吨，占世界总产量的78.5%。中国在世界上种植板栗面积也最大，2013年种植面积为164.37万公顷，占世界总面积的43.7%。

板栗树适应性强，分布范围广，既是优良的经济树种，也是很好的用材树种。近年来，在我国广泛实施的退耕还林项目中，板栗占有较大比重，随着树龄的增加，其经济效益将更加显著。发展板栗生产，对振兴山区经济、实现地方经济的可持续发展都有重要意义。

我国已经加入世界贸易组织（WTO），所以对板栗生产提出了更高的要求。要想在国际市场上立于不败之地，必须遵守严格的国际规则。首先在板栗生产上必须有章可循，建立严格的技术标准，才能生产出合格的产品。

笔者依据《中华人民共和国国家板栗（GB 10475—89）》、板栗丰产林（GB 9982—88）标准，以及地方标准《板栗标准综合体（DB61/T536.1～4—2012）》，并结合笔者20多年来在秦巴山区从事板栗研究工作的经验编写了《板栗高产栽培技术》一书，主要从生产优良品种、建园栽培技术、整形修剪、病虫害防治、贮藏加工等方面进行了论述，期望能帮助更多果农掌握板栗生产的新技术。

愿此书能对我国板栗生产工作起到一定的规范和推动作用。

由于时间仓促，书中错误和不当之处在所难免，诚恳希望广大读者指正。

编 著 者

Contents 目录

第一章 概 述

我国是世界上栽培板栗最早的国家，据古书记载已有3000多年的历史，1954年在西安半坡村古遗址发掘中发现有大量栗和榛的坚果，说明远在6000年以前的新石器时代，人们已采集利用栗实作食物了。

西周时期,《诗经》中有多处关于种植栗树的记载：“东门之栗，有践家室”,“栗在东门之外，不在园圃之间；则是行道树也”。西汉时期《史记·货殖列传》中有“安邑千树枣，燕秦千树栗……此其人皆与千户侯等。”可见，当时板栗的栽培已颇具规模，经营千树栗的农户，其富裕程度可与千户侯相比。北魏的《齐民要术》对栗的种子保管和栽培管理方法都有叙述。

目前，全国各地还保存有不少古栗树。陕西、河北、河南、山东等地，都有500年以上的大栗树，至今枝叶繁茂。陕西省长安县内宛村清朝咸丰年间栽的成片栗园，现保存完好，仍能结实。

栗的坚果营养丰富，是一种重要干果。据分析，栗果实中含糖6.3%～21.1%，淀粉41%～70%，蛋白质5.7%～10.7%，脂肪2.0%～7.4%；每100克可食果肉中还含有维生素C 36毫克，维生素B_1 0.19毫克，维生素B_2 0.13毫克，维生素B_5(泛酸)1.2毫克，维生素A 0.24毫克，钙15毫克，磷81毫克，钾1.7毫克，粗纤维1.2克，有机酸1.1克，热量875千焦。其中，糖、淀粉、蛋白质、脂肪的含量与小麦、大米的含量相近，而其品质却远非一般米面所能相比。在我

国和日本都有板栗灾年救荒和战争年代充当军粮的历史记载。

栗树木材极耐久，适于作枕木、木桩、地板、船舵、桥板等。在欧洲还是制造葡萄酒桶的上好材料，日本除充作土工桩、车辆船舶用材外，还用作培植海苔和维护海堤的桩材。

在美国和西欧还广泛利用栗树皮和木材生产优质鞣料，促进制革工业的发展。栗树的枝丫、原木还可以用来培养食用菌。由于栗树木材坚硬，不易起火，法国在造林上专门用它作为松树的防火带隔离树。

板栗在我国栽培一直比较粗放。长期以来，我国板栗多种植在山坡、丘陵、河滩地上，土壤相对比较瘠薄，板栗结果晚、产量低，全国平均株产不及1.5千克，平均每667米^{2}产量为15～20千克，单位面积产量较低，板栗树种优势没有发挥出来。进入20世纪80年代以后，国家开始重视板栗的科研工作，大力推广良种，采用嫁接繁殖、集约化管理等措施，板栗生产有了很大发展，已成为贫困山区脱贫致富的重要途径。山东省日照市2 240米^{2}丰产园，1～6年生沂蒙短枝板栗平均每年每667米^{2}产286.7千克，第六年每667米^{2}产582.6千克，创造了全国最高单产记录。由此可见，只要管理措施得力，板栗是能够获得高产的，增产潜力较大。

一、我国板栗生产概况

板栗在我国分布很广，栽培历史悠久，主要集中产区有21个省（自治区、直辖市）。年产量超过1万吨的省（自治区）有山东、湖北、河北、陕西、河南、安徽、辽宁、广西和湖南。年产量在8 000～10 000吨的有浙江、云南。我国板栗生产进入20世纪90年代以后发展速度较快，到2013年，板栗种植面积已达164.37万公顷，占世界栽培总面积的43.7%；产量为165.98万吨，占世界总产量的78.5%。

我国板栗集中产地主要在北方，年产万吨的重点县有河北的迁西、遵化、兴隆、青龙、宽城、邢台、迁安，山东的泰安、五莲、莒南、郯城、费县，辽宁的宽甸、东沟、丹东，河南的新县、信阳和北京市。其中，最多的迁西县年产量超过 4 万吨。而南方各省年产量超过万吨的有湖北的罗田、麻城，江苏的吴县、宜兴，安徽的广德、舒城和广西的阳朔（表 1–1）。

表 1–1 2004—2006 年各省、市板栗总产量 （吨）

省份 \ 年份	2004 年	2005 年	2006 年	2012 年
北京	19 474	21 853	22 321	29 000
河北	84 661	107 079	134 895	246 000
辽宁	38 719	42 326	48 295	121 000
浙江	55 436	60 428	61 782	60 000
安徽	68 506	68 786	83 483	168 000
福建	45 353	49 134	56 621	102 000
山东	202 207	218 095	230 322	256 000
河南	102 343	112 351	139 042	149 000
湖北	101 613	128 099	128 282	273 000
湖南	34 567	35 545	37 857	72 000
广西	39 657	45 951	52 980	178 000
陕西	28 417	30 778	32 882	70 000
云南	19 010	21 277	24 626	92 000
全国总产量	922 735	1 031 857	1 139 661	1 947 000

陕西省是我国最古老的板栗分布区之一，现主要集中在陕西南部的商洛、安康、汉中三个地区。在秦岭以北西安市的长安县、宝鸡市的陈仓区、岐山县、眉县、太白县等地也有栽培，最北到延安市的黄龙县。随着我国退耕还林和西部大开发政策的深入实施，板栗已成为适宜山区植树造林的主栽培树种之一，栽植面积和产量不

断增加，截至2014年，仅陕西商洛市栽植板栗面积已达17.6万公顷，其中挂果面积近11.2万公顷，年产量2.3万吨，全省现有板栗栽培面积已超过30万公顷。根据《陕西省农业统计年鉴》，全省板栗产量2011年为45 668吨、2012年40 794吨、2013年52 581吨、2014年63 332吨，其中2014年各地区产量分别为：商洛22 914吨、安康25 850吨、汉中14 568吨。

二、我国板栗的国际地位

栗属植物的自然分布限于北半球，而横跨了亚洲、欧洲、非洲和美洲大陆，它是世界上分布范围很广的一种古老植物。而作为果树栽培的主要有我国的板栗、欧洲栗、日本栗和美洲栗。

欧洲栗的分布最广，主要产区为意大利、法国、土耳其、葡萄牙、西班牙，2013年产坚果约25万吨，论产量可在世界食用栗中占一定位置，占世界食用栗产量的12.6%（表1–2）。

表1–2 世界食用栗主产国产量 （2003年）

国家	中国	土耳其	韩国	意大利	日本	葡萄牙	希腊	玻利维亚
产量（万吨）	71.5	4.8	7.2	5	2.5	2.8	1.2	3.5

美洲栗曾经是美国最有价值的森林树种之一，广泛分布于美国24个州，长期以来是美国东部广大山区的优势树种，除了提供木材外，还是重要的鞣料树种，但坚果生产没有受到重视。日本栗主要分布于日本、朝鲜，在我国辽宁和山东、陕西等地也有栽培。日本栗是由野生种进化而来，共有品种约300个，主要品种有大正早生、乙栗、银寄、筑波、丹泽、伊吹，适应于温暖湿润的海洋性气候，树势旺盛，枝芽微红，叶狭长，苞刺细长，坚果有顶尖，茸毛多，涩皮厚而韧性差，不易剥离。日本板栗发展已近50 000公顷。年产

坚果 2.5 万吨以上，是第二次世界大战后除温州蜜柑外，日本果树中发展最快的一种。

总之，除中国板栗外，世界其他食用栗的生产呈下降趋势，欧洲栗由原来的 25 万吨下降至 13 万吨，日本栗由原来的 6 万吨下降至 2.5 万吨。主要原因有两个方面，一是自然灾害，如栗胴枯病、墨水病和栗瘿蜂；二是经济效益低，很少施肥修剪、防治病虫害，在有些地方正逐渐被其他经济树种所代替。

我国板栗栽培分布达 21 个省（自治区），2013 年年产坚果约 160 万吨，居世界产量的首位，品质也最优；日本虽然自产栗子，也有一部分输出，但每年却从我国大量进口板栗。我国的栗子出口创汇居水果（苹果、柑橘、橙）和干果（核桃、杏仁）首位。日本人所喜爱的糖炒栗主要由我国进口。在栗果加工时，需要剥除内种皮（涩皮），欧洲栗和日本栗的涩皮都不容易剥除，影响加工效率和产品质量，而我国板栗涩皮易剥离，具有优异的加工经济性状。

我国板栗不仅品质优异，而且抗逆性极强，它抗真菌病害的能力是栗中佼佼者。栗胴枯病曾经在上世纪初打击了美洲栗的生产，墨水病曾经给欧洲栗生产带来了极大的威胁。对于这两种毁灭性的病害研究目前还没有取得突破性的进展，缺乏行之有效的防治方法，但在我国板栗中有可能找到这种抗病的种质资源。我国的板栗种质资源已引起了国际园艺界的高度重视，它是我国未来板栗生产的宝贵财富。目前，我国育成的板栗品种绝大多数是从实生选择中获得的，杂交育种工作还很薄弱，我们应该重视和开发这一宝贵资源，加强板栗杂交育种工作，培育出新品种，造福人类。

三、我国板栗产区的划分

从各地的资料分析可以看出，由于各地生态条件和栽培管理的差异，板栗生态生物学特性表现出明显的区域性差异，形成了长江中下游栗产区、北方栗产区和南方栗产区。

（一）长江中下游区

本产区属于中亚、北亚热带气候区，年平均气温15～18℃，≥10℃积温4250～4500℃，年降水量较多，一般在800～1000毫米之间，年日照时数为1900～2200小时，土壤为黄壤、黄棕壤、红壤，土壤偏酸，质地黏重。这一产区范围包括淮河、秦岭以南的陕西南部，江苏南部、浙江、皖南、豫南、湖南、湖北、江西等地。此产区板栗生长的特点是果型较大，果肉含水量高，含糖量低，耐贮藏性差，但集约化管理程度较高，品种多。

（二）北 方 区

本产区属于北温带气候区，年平均气温8～15℃，≥10℃积温3100～3400℃，年降水量500～800毫米，年日照时数2000～2800小时，土壤属于淋溶褐土、棕壤土。这一产区范围包括淮河、秦岭以北，黄河中下游的广大地区，北京、天津、河北、辽宁、山东、豫北、陕西的秦岭北麓等。此区土壤大多属于中性或微酸性，质地多沙性，有利于板栗根系的生长。此区板栗生长的特点：单株产量较高而平均单产较低，板栗果实淀粉含量低，总糖含量较高，肉质糯性，风味香甜，适于炒食。

（三）南 方 区

本产区属于北亚热带气候区，年降水量1000毫米以上，年平均气温14～22℃，≥10℃积温6000 ～7500℃，年日照1700～1900小时，土壤多为红壤、黄壤。这一产区范围包括南岭、武夷山以南，云贵高原、福建、广东、广西、贵州、云南。此区土壤酸性，质地比较黏重，品质一般。

第二章
板栗的生物学特性

一、形态特征

（一）种　子

种子即是栗子，外层为坚硬的果皮，故称“坚果”。果皮内还有一层种皮，也称涩皮。涩皮对种子起保护作用，对种子的发芽起抑制作用。去掉涩皮的种子极易腐烂，故欲提早出芽，只需去除胚部的涩皮即可。在正常情况下，随着层积时间的不断延伸，其涩皮的抑制作用会逐渐减弱。作为种子用的栗子在贮藏期不能失水过多，当重量失去 25% 时就会严重影响发芽。

发芽率是在最适宜种子发芽的条件下和规定的期限内，正常发芽的种子数占供试种子数的百分比。温度对种子萌发有很大影响，每一树种的种子都有最适宜的发芽温度，多数种子发芽的最适温度为 20～30℃。种子萌发时的最快温度称为最适温度，萌发的低限温度称为最低温度，高限温度称为最高温度。板栗发芽的最低温度为 8～9℃。种子在最适温度条件下，虽然萌发速度快，但消耗的有机物质较多，幼苗生长反而细弱，抗性差，因此种子萌发的温度应稍低于最适温度。种子萌发过程中不仅需要适量的水分和适宜的温度，而且还需要氧气。种子萌发时，其内部进行着旺盛的呼吸作用，以提供物质转化时需要的能量，如果没有氧气，呼吸作用就不能正常进行。

过去板栗多用种子实生繁殖，但其进入结果期晚。近 10 年来各地多数已改用嫁接繁殖，优点是可以保持品种的优良特性，提早结果。陕西省在苗木繁殖时多用本砧，嫁接后树体生长旺盛，根系发育良好，较耐干旱和瘠薄。

栗果成熟期，选丰产、稳产、出实率高、结果早、品质好、抗性强的成年树作采种母株。选充分成熟、大小整齐、无病虫害果作种子。栗果怕干、怕湿、怕热、怕冻，所以栗果采收后，用作种子的果实必须立即进行沙藏，当沙藏的种子发芽率达到 50% 以上时，即可进行播种。

（二）根　系

根系是果树的重要器官，根系发育好坏对地上部生长结果有重要影响。果树的根系通常由主根、侧根和须根组成。主根由种子胚根发育而成，在它上面产生的各级较粗大的分枝，统称侧根；在侧根上形成的细根系，称为须根。

根的功能除了机械固定、吸收水分和矿物质养分及少量有机物质，以及储藏养分的作用外，根还有合成多种有机物质的能力。试验证明，从土壤吸收的铵盐、硝酸盐主要是在根部转化为氨基酸、酰胺等。根部还能合成一些有机磷化物，如核酸、核苷酸、磷脂等。

板栗树的根在吸收区与真菌共生，形成菌根。菌根有外生菌根和内生菌根两种形态。板栗果树的菌根是外生菌根，菌根能在土壤含水量低于凋萎系数时从土壤中吸收水分，吸水力比任何果树的根系吸水能力都强，所以能改善果树的水分状况。菌根能分解腐殖质，增强树体对矿物质的吸收，能分泌并供给树体激素和酶，促进根的功能并活化树体内部生理功能。

根系生长既要求充足的水分，又需要良好的通气，通常最适于果树根系生长的土壤含水量，约等于土壤最大田间持水量的 60%～80%，当土壤含水量降低到某一程度时，即使温度、通气及其他因子都适合，根也会停止生长。根在干旱条件下受害，远比叶片出现

萎蔫要早，但轻微的干旱对根的发育有好处。

根总是向着肥多的地方生长，在肥沃的土壤或施肥条件下，根系发达，细根密，活动时间长。施用有机肥可促进果树吸收根的发生，适当施些无机肥料对根系的发育也有好处，但过量施用会引起枝叶徒长反而削弱了根系生长，有些微量元素如硼、锰等对根系生长都有良好的影响。

在年周期中，土壤管理也要根据根系生长特点进行。早春气温低，根系处于刚刚恢复生长阶段，此时应及时松土，迅速提高土温，促进根系生长。夏季气温高，蒸发量大，同时果树生长结果又处于最旺盛时期，此时松土、浇水、地面覆盖是保持根系正常活动的重要措施。进入秋季，吸收根往往比春季还多，而且抗性强，寿命长，其中一部分可继续吸收水分和养分，还能将吸收的物质转变成有机化合物贮藏起来，起着提高果树抗寒力的作用，并且可满足果树开花结实的需要。因此，在秋季进行深耕，并增施有机肥，对根系的生长有着极其重要的作用。

板栗根系较深，侧根也比较发达，抗旱能力较强，在土层较深厚的地方，板栗的垂直根系深可达几米，据河北农业大学对20年生实生栗树的观察，发现其根深可达1.5米，但以20～60厘米的土层根系最多。板栗根系的水平分布也很广，据河北省果树研究所观察，12年生的栗树水平根分布在距主干50～250厘米范围内最为集中，但以树冠边缘的根密度最大。

板栗根系切断后，愈合和再生能力很弱，伤根需要比较长的时间才能发生新根，且苗龄越大发根越晚，因此在苗木出圃和进行栗园田间管理时，不能伤根过多，以免影响成活率。

（三）芽

板栗的芽有花芽、叶芽和隐芽（潜伏芽）三种。

1. 花芽　又称大芽或混合芽，着生在枝条的上端，芽体肥大、饱满，扁圆形或短三角形，萌发成结果枝或雄花枝。一般在比较粗

壮的枝条上的花芽，可以形成结果枝和雄花枝，而生长在较弱枝条上的只能形成雄花枝。着生混合花芽的节不具叶芽，因此花序脱落后形成盲节，不能抽枝。有些品种盲节下的基部芽也能成为花芽，板栗基部芽成花、结果的特性，有利于防止结果部位的外移。

栗、杏、梅、柿的枝条顶端自然枯死，以侧芽代替顶芽位置，此类芽称为伪顶芽或假顶芽。

2. 叶芽 幼旺树叶芽着生在旺盛枝条的顶部及中下部；进入结果期的树，多着生在各类枝条的中下部，芽体小，芽顶尖，茸毛较多，萌发后抽生发育枝和纤细枝。

3. 隐芽 一般着生在枝条的最基部或多年生枝及树干上，芽体极小，一般不萌发呈休眠状态，寿命长，遇到刺激时，萌发抽生徒长枝，有利于大枝更新。

芽在枝条上排列的方式也称叶序。板栗的叶序有两种：一种为1/2叶序，就是芽整齐地排列在枝条的两侧，在一个平面上。另一种是2/5叶序，芽呈螺旋状排列，第一个芽和第五个芽的方向相同，即二轮中有5个芽，其中2个芽在同一侧。芽的排列不同，抽出新梢的方向也不同，因此在修剪时必须注意芽的位置和方向。

完全混合花芽中雄花序在冬季休眠前基本分化结束，而雌花簇的分化一般认为在春季芽萌动时开始。

春季通过抹去结果母枝中下部的芽，除去刚长出的雄花和剪去对果枝的尾枝等措施来减少营养的消耗，引起雌花簇的增加。加强上一年树的营养生长。秋施基肥能提高树体营养储存水平，萌芽前后增施速效氮肥能短期补充和增加营养，修剪能减少养分的消耗，这些都是提高雌花量的有效方法。

（四）枝

板栗的枝条可分为发育枝、结果母枝、结果枝和雄花枝四种。

1. 发育枝 由1年生枝上的叶芽或成年树中年龄较小的多年生枝上的隐芽萌发而成，全枝没有花序着生。发育枝是形成树冠骨架

的主要枝条。根据枝条生长势的不同，可分为徒长枝、普通发育枝和细弱枝。

（1）**徒长枝** 由枝干上的潜伏芽萌发而成。一般都着生在主干或靠近主干的骨干枝上，生长旺，节间长，生长不充实，年生长量一般多在 50～100 厘米，通过合理修剪可形成结果母枝。

（2）**普通发育枝** 由叶芽萌发而成，年生长量 20～40 厘米，生长健壮，是扩大树冠的主要枝条，生长充实、健壮的发育枝易转化成结果母枝（河北群众叫棒槌码），翌年抽梢开花结果。

（3）**细弱枝** 由枝条基部的叶芽萌发而成，生长较弱（又叫鸡爪码、鱼刺码），长度在 10 厘米以下，不能形成混合芽，或只发生雄花枝，徒然消耗养分。

2. 结果母枝 着生完全混合芽的 1 年生枝叫结果母枝，是由生长健壮的发育枝和结果枝转化而来，此外雄花枝也有形成结果母枝的。

强壮的结果母枝（棒槌码），长度在 15 厘米以上，生长粗壮，有较长的尾枝，上有 3～5 个花芽，翌年萌发抽生 1～3 个结果枝，结实能力最强，下一年能继续抽生结果枝；弱结果枝（香头码），长度不到 15 厘米，生长细而弱，尾枝短，仅着生 1～2 个较小的完全混合芽，翌年抽生结果枝较少，结实力差，一般不能连续结果，使结果部位外移；更新结果母枝（替码），有的结果母枝没有尾枝，下一年由枝条下部的芽抽生结果枝及雄花枝，而母枝的上部自然干枯。替码有时只是局部现象，有时出现在整株上，前者可能由于结果枝生长过程中肥水不足，结果后不能形成尾枝。

3. 结果枝 着生在去年生枝条的先端，由花芽发育而成。全枝分为 4 段。基部数节着生叶片，落叶后在叶腋间留下几个小芽。中部 10 节左右着生雄花序，这些节上的雄花序脱落后就成为空节，不能再形成芽。雄花节前端 1～3 节着生混合花序，果实采收后，这些节上留下果柄的痕迹（称果痕或果台），没有芽。在混合花序前端又有尾枝，尾枝的叶腋间都有芽，芽的数量与结果枝的强弱有关。

结果枝的长度可分为长（20 厘米以上）、中（15～20 厘米）、短（<15 厘米及以下）3 种，结果枝的长度与品种特性有密切关系，处暑红、青扎等属于长枝类型，明栋属于中枝类型，九家种、毛板红等属于短枝类型。

4. 雄花枝 由分化较差的混合芽形成，大多比较细弱，枝条上只有雄花序和叶片，不结果。一般情况下，当年也不能形成结果母枝。在管理较好、营养充足时，15～30 厘米长的雄花枝，有可能转化为结果母枝。

板栗枝条的加长生长有一定规律，据山东省果树研究所在泰安的观测，一般成龄树只有 1 次生长高峰，幼旺树有 2 次，雄花枝新梢和营养枝新梢只有 1 次，时间在 4 月底至 5 月上旬。结果枝新梢多数出现2次高峰，第二次在6月7～17日，第三次在7月2～7日。枝条的加粗生长有 3 个高峰，以第一次高峰最大，在 4 月 29 日至 5 月3日，第二次高峰在6月7～22日，第三次高峰在7月12～17日，枝条的加粗生长和花、果实发育密切相关。

（五）花

板栗若为单性花，雌雄同株。雄、雌花比例一般为 2000～3000∶1，雄、雌花序之比一般为 5∶1。

1. 雄花 雄花序为柔荑花序，其数量因品种或枝条类型不同，增施钾肥及秋季干旱能够减少雄花序的数量，通过一定的管理技术同样也可以减少雄花序的数量。

每个雄花序有小花 600～900 朵，每 3～9 朵小花组成一簇，花序自下而上，每簇中的小花数逐渐减少。

雄花序在枝上的开花顺序是自下而上，小花在花序上的开花顺序也是自下而上。成熟花序的散粉主要在上午 9～12 时，因此采粉应在散粉之前进行。据资料报道，板栗花粉传播的距离范围最大为 300 米，以 50 米内花粉最多。

板栗是花粉直感作用比较明显的树种，父本花粉对果肉色泽、风味、坚果大小及涩皮剥离难易等方面都有比较显著的直感效应。因此，授粉品种的选择可起到改善果实品质的作用。

2. 雌花　每一雌花序有 3 朵雌花，聚生在一个总苞内，在正常情况下，经授粉受精后发育成 3 个坚果。

雌花没有花瓣，其开花的过程可分为 5 个阶段；雌花出现、柱头出现、柱头分叉、柱头展开、柱头反卷。整个过程需 20～30 天完成。但是，从柱头分叉到柱头展开，这段时间柱头茸毛分泌黏液大约 15 天，这是授粉的主要时期，也是板栗进行人工授粉的最佳时间。

板栗一般异花授粉比自花授粉结实率高，各品种对不同花粉的亲和性有明显的差异，在建园时必须做好授粉树的搭配才能获得丰产（表 2–1）。

表 2–1　不同授粉组合结实情况

组合（母本×父本）	结实率（%）	组合（母本×父本）	结实率（%）
红光×红栗	84	金丰×海丰	99
徐家 1 号×红栗	100	金丰×处暑丰	100
金丰×红栗	100	海丰×金丰	99
青毛软刺×红光	87	红光×海丰	100
红光×金丰	97	九家种×宋家早	19
红光×宋家早	97	中果红皮×红光	41
宋家早×宋家早	38		

在花期除需要大量的碳水化合物和含氮有机物外，还应喷施某些微量元素，如硼和锰，对于坐果有极大的好处。花期大风或是阴雨低温对于坐果有一定的影响。

（六）果　实

板栗果实具有坚硬木质化的果皮，在植物学上称为“坚果”。果皮内侧着生茸毛。种皮薄，少具茸毛，剥离容易。果肉由 2 枚肥

大的子叶和幼小的胚构成，富含淀粉，是提供萌发和幼苗初期生长的储藏物质，也是人们的食用部分。

板栗果实由果顶、果肩、胴部（包括果背和果腹）及底座 4 部分组成。果顶处有一小孔，是胚根和胚芽与外界发生联系的通道。底座在果实基部，果实发育期间通过果座吸收养分，果肩位于果顶之下。果肩与底座之间称为胴部，其背面称果背，腹面称果腹。板栗果实外面包有一个带刺的外壳，称为总苞、壳斗或球苞。我国北方称为栗蓬，南方称为栗蒲。总苞有保护果实的作用。

苞皮厚薄及苞刺的稀密，苞刺的长短、颜色、硬度及着生的角度是品种识别的重要特点之一。苞皮厚度关系到出实率的高低，栽培条件对于苞皮的厚度有一定的影响。秋季雨水多时苞皮就薄，栗实就大；秋季干旱，苞皮就厚，栗实就小。1 个苞中通常可结 3 个栗实，2 个边栗，1 个中栗。

球果为坚果和球苞的总称，板栗的球果从6月中下旬开始发育，到坚果充分成熟，大体需要 3 个月时间。7 月上旬到 8 月上旬是幼果体积和重量迅速增长时期，这个时期坚果果肉含水量极高，干物质含量较少。8 月中旬以后，球果体积的增长逐渐缓慢，果肉内的含水量降低，糖分迅速转化成淀粉。果肉的重量增加，干物质大量积累。坚果的增重在成熟前 2 周最为重要。据资料报道，坚果干物质 85% 的形成是在采收前 20 天左右完成的，50% 形成于采前 10 天内，所以要在坚果充分成熟后才可进行采收，这对于产量和品质的提高十分重要。

板栗一般不易落果，在正常情况下，落果不超过 10%。在整个果实的发育过程中大体有两个落果阶段，6 月下旬至 7 月上旬落果称为前期落果，主要是由于水、肥不足，营养不良引起；第二次落果是在 8 月中旬，落果率占 30%，由树体内养分不足，以及病虫害引起。因此，以上两个时期也是施肥的重要阶段。

板栗果实在生长过程中有空苞现象，一般为 15%～30%，对于板栗丰产有一定的影响。空苞产生的原因有以下几种：授粉受精不良；生殖器官发育不良；树体营养不足。在生产实践中，可以通过人工辅助授粉，选择比较合适的授粉组合，花期喷硼，早春施肥、浇水，适当疏除雄花，减少树体的养分消耗等措施能够有效地减少空苞的发生。

（七）叶　片

叶片是进行光合作用、制造有机养分的主要器官，植物体内90%（左右）的干物质是由叶片合成的。叶片的活动是果树生长发育形成产量的物质基础。叶和叶幕的形成对于板栗高产、稳产有着极其重要的作用。

根据生长部位和动态状况可把板栗的叶片分为3段，即下部叶（盲节以下的叶）、中部叶（盲节段的叶）和上部叶（尾枝叶）。

下部叶占总面积的22%，一年内有2次生长高峰。中部叶占40%，最早展叶的要比下部晚5天左右，展叶期可相差近1个月，中部的叶片面积比下部叶和上部叶小。上部叶，自下而上各叶的展叶期差3～5天，使高峰期也有规律地顺延。最早展叶期要比中部叶晚10天左右，比下部叶晚15天左右。

在年周期中板栗叶面积并非固定不变，而是不断增长。叶面积增长的快慢，在很大程度上依赖于树体储存养分的多少。树体储存养分不足，初期叶面积的发展必然缓慢，而且叶面积也小。后期肥水供应差，叶片也容易早衰，影响营养物质的生产和积累。因此，应特别重视采收后的叶片保护和肥水供应，以保证树体内积累大量养分，为翌年叶面积的迅速扩大和提高产量提供营养基础。

二、物候期与生命周期

（一）物 候 期

板栗生长发育的物候期因品种和生长地理位置不同有一定的差

异。镇安大板栗4月上旬芽开始膨大，4月中旬芽萌发，4月下旬展叶，5月份新梢伸长，6月上旬开花授粉，7～9月份果实生长发育，9月中旬采收，10月中旬落叶，生育期约160天。处暑红在4月20日进入萌芽期，5月上旬基叶展开，6月20日雄花进入盛花期，9月19日果实成熟，11月上旬落叶，生育期约152天。

板栗在4～6月份为营养消耗期，上年生长期储存于树体内的营养，随着春天芽子的萌发、抽枝、长叶、开花消耗而减少，特别是大量的雄花开放，对于营养物质的消耗很大。从6月下旬到9月中旬是果实生长发育期，叶片的光合作用基本能满足果实生长的需要，树体基本处于平衡状态，如果结实量过大营养消耗大于积累，翌年易形成大小年结果现象。从9月中旬采果到落叶休眠，是营养物质的积累期，这一阶段应保护好叶片增施早施有机肥，为翌年丰产打好基础。

（二）生命周期

板栗从播种发芽、生长结实到衰老死亡这一过程称为生命周期。每个生长过程都有它的特殊性与规律性，抓住其特点进行科学管理，就能获得丰产。

营养繁殖的栗树的生命周期大体上可分为幼树期、结果初期、盛果期、结果后期、衰老期。

1. 幼树期 从栽植到第一次结果为幼树期。这一时期生长的主要特点是树冠和根系生长都很快，结实骨架慢慢形成，新梢生长量较大，树冠渐渐扩大。这一阶段要及时扩穴施肥，保证有充足的水、肥供应，早春施肥以氮肥为主，促进萌芽及新梢的生长。在修剪中应注意培养丰产树形，根据其栽植密度确定修剪量的轻重，夏季及时摘心，促其分枝。

2. 结果初期 从初挂果到有一定的产量称之为结果初期。此期的生长特点是枝量大幅度增加，树冠迅速扩大，栗产量也随之逐年上升。这一阶段在树体管理上应轻剪，多留枝，均衡施入氮、磷、

钾肥，使树体生长保持平衡，重视夏季修剪，多摘心，为进入盛果期创造条件。

3. 结果盛期　从有经济产量到产量稳定一直到产量连续下降为止。其生长特点是树冠生长达到极大限度，枝条和根系生长受到抑制，果实产量高，消耗大量营养物质。此期的管理上，应合理调整树体的负载量，及时施肥、浇水，并加强病虫害的防治，修剪时应及时打开光路，防止结果部位外移。

4. 结果后期　从出现大小年结果到产量明显下降，直到无收获。此期的特点是输导组织相应衰老，储藏物质越来越少，病虫增多，枝条末端衰亡。此期在管理上应重剪回缩，加强枝条的更新，小年加强疏雄花序，促进枝条生长，延缓衰老。

5. 衰老期　从无经济收入到部分植株不结果以至死亡。应及时砍伐清园，重新建栗园。

三、对环境条件的要求

板栗虽然对气候、土壤条件的适应范围较广，但是我国亚热带生长的板栗果实品质较差，北方过于寒冷的地区及西北干旱地区也不宜生长。板栗对土壤的酸碱度反应最为敏感。因此，在发展板栗时，必须考虑气候、土壤等条件。

（一）温　度

板栗在年平均温度10.5～21.8℃的地方，都能正常生长和结果。北方板栗主要产区在河北、北京、山东、辽宁等地，年平均气温在8.5～10℃，生育期平均气温18～22℃，1月份平均气温约-10℃，该地区气候冷凉，昼夜温差大，日照充足，栗实含糖量高，风味香甜，品质优良，是我国外贸出口的主要基地。南方品种群栗耐湿耐热，其主产区在湖北、安徽、浙江等地，年平均气温15～17℃，生育期平均气温22～24℃，最低气温0℃左右，该地

区气温高，生长期长，板栗树势旺，栗果个大，产量高，但品质不如北方栗。

（二）水　分

板栗属暖温带果树，喜欢暖湿。我国板栗的经济产区南缘为广西百色、玉林等地区，年降水量在1200～1800毫米。经济栽培区北缘为河北省的兴隆、宽城，年降水量为400～700毫米。南北直线跨度为2000千米，从南北产区的分布可看出，栗对湿暖和旱寒的适应范围相当广，且对旱、寒有相当的耐受力。南方栗产区生长期多雨，能促进栗树生长和结实，但雨量过多、光照不足，常引起光合产物减少，品质下降。此外，花期阴雨连绵，妨碍授粉，空苞或独果增多。我国北方栗主要产区，年降水量多在500～800毫米，板栗一般生长良好，由于产区多在山区，容易受干旱的影响，所以群众有“旱枣涝栗”之说，雨水较好的年份产量比较高，河北栗树主产区（迁西、遵化等地）处于渤海气流的迎风坡面，雨量充沛，为板栗丰产创造了一定的条件。

（三）光　照

板栗为喜光的阳性树种，生长发育需充足的光照条件。生长在沟谷的板栗往往结实不好，成片的栗园边缘植株结实好，也说明了这一道理。板栗密植园郁闭后通风透光不良，产量急剧下降，结果部位外移，内膛枝枯死比较严重，间伐后产量开始回升。因此，在板栗建园时，应选择地势比较开阔的地带，海拔超过1000米时，选择阳坡比较适宜。

（四）风

栗树虽为风媒传粉方式，但花粉容易结球，还容易遇水膨胀，实际上飞翔距离就更小。因此，花期微风有利于授粉，但强风使空气干燥，花期缩短，授粉受精不良。

（五）土　壤

板栗对土壤条件要求不严，但忌黏重、板结的土质。最理想的是沙石山地的褐色轻壤土，有机质丰富，质地疏松，透气性好，有利于共生菌根的发育。

板栗对土壤酸碱度的适应范围为pH值4～7，最适宜pH值5～6的微酸性土壤。栗树适应于酸性土壤的主要原因是能满足板栗树对锰和钙的需要。板栗是高锰植物，叶片中锰的含量达0.2%以上，明显超过其他果树。当pH值高时锰呈不可吸收状态，叶片锰含量将低于0.12%，叶色失绿，代谢功能混乱，影响结实。山区石灰岩风化后形成的土壤一般为碱性，不适于板栗栽培；而花岗岩、片麻岩风化而形成的土壤为微酸性，适宜于板栗的生长。

第三章 优良品种与砧木

一、品种选择要求

（一）板栗良种标准

1. 良种栗树标准 栗树低产不稳产是各地栗树生产普遍而比较突出的问题，在实生繁殖的产区尤为严重。其原因除栽培管理粗放外，品种丰产稳产性较差，植株个体间差异大，低产树比率高是一个很重要的因素。因此，一个高产稳产品种，应具备若干优良的性状和特性，这些性状和特性应包括以下几方面。

（1）结果枝抽生率高 栗树丰产的重要因素是能够形成大量发育健壮的结果枝，这些新梢能产生大量的混合芽，翌年再抽生结果枝结果或抽生比较健壮的新梢成为下一年的结果母枝。要求每一结果母枝平均抽生 4 个以上健壮新梢，其中结果枝不少于 50%。

（2）雌花比例高或雄花序退化、脱落 一般栗树的雌雄花比例高达 1∶1 000 以上，实际上并不需要这么多的雄花，大量雄花还易消耗树体养分。因此，雌花比例高或雄花序退化、早期脱落是一个丰产性状，如山东的浮耒品种无花栗就属于雄花序早期退化的类型。除要求雌花比例高以外，还要求每一结果枝上的混合花序不少于 2 个，有 4 个以上发育的总苞（栗蓬、栗蒲、球果）。

（3）每苞果数多 总苞内果实数量是影响丰产的重要因素之

一，三果苞比率高是丰产性状，反之单果苞特别是空苞多，就会降低产量。实生栗树中有栗苞累累满树，但几乎都是空苞的所谓“公树”或“哑子树”。要求每总苞内平均果数达 2.5 以上。

（4）出实率高　即坚果占整个总苞重的百分率。通常总苞大而苞壳薄、坚果多或坚果重，出实率就高。要求总苞针刺短而稀，出实率 45% 以上。

（5）早果性明显　早实丰产是良种的标志之一。不同的品种在相同的环境条件下，早果性和产量相差悬殊。栗树早实丰产性与某些形态特征有一定的相关性。凡幼树营养生长势过强、主枝分生角度小、母枝抽生新枝数少、果实成熟晚、早果性差的品种早实丰产性较差。要求栗树进入结果期早，并具有早期丰产的特性，5 年生幼树即可达到每公顷产量 3 750 千克左右。

（6）稳产性好　栗树的稳产性主要取决于结果枝连续结果能力的强弱。稳产品种多数结果枝能在结果同时发育比较充实饱满的混合芽，翌年连续抽生结果枝结果。通常用连续结果 3 年以上的结果母枝占比例多少来测定品种的稳产性。要求连续结果 3 年以上的母枝不低于 50%。

（7）抗病虫能力强　我国栽培的板栗，其广泛分布可知它是一个适应性和抗逆性极强的树种，但在板栗抗病和抗栗瘿蜂上，品种间及实生单株间有显著差异。要求树体有良好的抗病抗虫能力。

2. 良种果实标准　板栗主要产区集中在黄河流域的华北、西北地区及长江流域各省，以上产区的产量占全国板栗总产量的 70% 以上，因此构成以这些产区为代表的北方栗和南方栗。由于不同区域栗果特点不同、用途不同，所以对坚果的品质要求也有所不同。

（1）果实大小和外观

①北方栗　多为小果型，适于炒食。要求果实大小适中、均匀整齐，每千克 80～130 粒，色泽鲜艳，茸毛少，果皮富有光泽。

②南方栗　大果型较多，适于菜用或粮用。要求果实较大、均匀，每千克不多于 80 粒。

（2）涩皮剥离难易 要求栗果经加热处理，涩皮容易剥离。

（3）可食率 栗果包括果壳、涩皮和种仁。由于品种类型间果壳和涩皮厚度不同，果实可食部分比率也有差异。要求栗果果壳、涩皮薄，可食率达 85% 以上，种仁饱满。

（4）养分含量

①淀粉 一般菜用及粮用品种要求淀粉含量不少于 60%，炒食品种要求支链淀粉比例高、质地细腻、糯性强。

②糖分 种仁中糖分含量与淀粉含量常呈一定的负相关。炒食品种要求糖分含量不低于 20%，香甜可口，风味好。

③其他营养成分 要求种仁蛋白质含量高，种仁呈橙黄色，胡萝卜素含量高。

（二）欧洲栗的选种标准

在品种的选育和改良方面，各国都制订了相应的选种指标，不同的国家和地区，甚至同一国家的不同地区，选种的指标也不同。较为系统的欧洲栗选种指标依据品种的表现进行打分。

1. 结果性能（15 分） 高 10 分，较高 7 分，中等 4 分，低 1 分。

2. 栗数 / 苞（10 分） 3～2.5 粒为 10 分，2.4～1.5 粒为 6 分，1.4～1 粒为 3 分。

3. 对果面的考核指标 主要有果面颜色、果面的光泽、果皮的厚度。

（1）颜色（10 分） 典型栗褐色 10 分，略暗 7 分，浅褐 4 分，暗褐 1 分。

（2）亮度（5 分） 果面亮 5 分，灰 4 分，果面有茸毛 1 分。

（3）厚度（5 分） 果皮厚应在 0.42～0.61 毫米。

4. 果重（栗数 / 千克，15 分） 低于 55 粒为 10 分，56～65 粒计 8 分，66～85 粒计 6 分，86～100 粒计 3 分。

5. 果肉颜色（10 分） 浅奶油色 10 分，奶油色 7 分，暗奶油色 1 分。

6. 内果皮（10分） 涩皮易剥离，涩皮凹入小于1毫米为10分；涩皮较易剥离，涩皮凹入2～3毫米为7分；涩皮难剥离，涩皮凹入深达4毫米以上为1分。

7. 成熟期（10分） 特早熟为10分，早熟为7分，中熟为5分，晚熟为3分，极晚熟为1分。

8. 风味（10分） 根据风味好坏依次计为10分、7分、4分和1分。

二、北方板栗优良品种

（一）镇安1号

镇安1号板栗系西北农林科技大学2002年从陕西省镇安县云盖寺镇金钟村板栗实生群体中选育出的大果型优良品种，2006年通过国家审定。树势强健，自然分枝良好，总苞圆形，平均每苞坚果2.5个，坚果大，扁圆形，平均单果重13.15克，果皮红褐色，有光泽，出籽率35.3%，果实成熟期为9月上旬，树冠每平方米投影面积产量约0.246千克，种仁涩皮易剥离，可溶性糖含量约10.1%，蛋白质约3.68%，脂肪约1.05%，维生素C约37.65毫克/100克，品质优良，抗病力强。

（二）新 早 栗

新早栗是西北农林科技大学实生选育的板栗早熟新品种。3月底芽萌动，4月15日左右展叶，雄花盛开期5月28日，雌花盛开期6月1日，果实成熟期8月22日左右，平均单果重6.4克，坚果纵径约2.42厘米，横径约2.85厘米，出籽率约38.3%，早实、丰产。

嫁接后第二年挂果，14年生树株产3.63千克，树冠每平方米投影面积产量约为0.35千克，可溶性糖含量约9.1%，蛋白质约3.18%，脂肪约1.05%，维生素C含量约21.8毫克/100克，淀粉约

33.2%，品质优良。

（三）秦栗 2 号

2015 年 12 月 23 日，秦栗 2 号板栗通过陕西省林木品种审定委员会审定。秦栗 2 号是从宝鸡板栗分布区实生选育出的优良无性系，适于陕南秦巴山区种植发展的板栗良种，并在陕西省板栗主产县镇安、山阳及陈仓区等县（区）中试验及示范推广。

秦栗 2 号树势健壮，7 年生平均树高 4.6 米，枝下高 26 厘米，地径 12.9 厘米，冠幅 5 米× 4 米。平均单苞重 100.65 克，平均每苞坚果 2.48 个，出籽率 29%，单粒重 11.69 克，果皮红褐色、有光泽，未发现明显病虫危害。7 年生树平均株产栗苞 243 个，平均单株产量 7.04 千克，树冠每平方米投影面积产量约为 0.35 千克，可溶性糖含量 12%，蛋白质 4.56%，脂肪 0.89%，维生素 C 25.4 毫克 / 100 克，淀粉 20%，品质优良。该品种在秦岭北麓成熟期 9 月上中旬，是成熟较早的板栗品种。

（四）柞板 11 号

由西北林学院与柞水县板栗研究所选育而成，坚果扁圆形，棕红色，油光发亮，色泽美观，平均单果重 10.9 克，每千克 62 粒左右，种皮易剥离，种仁可溶性糖含量 9.27%，品质优良，果实病虫害率约 4%，抗病虫能力较强。

（五）柞板 14 号

母株位于陕西省柞水县，栗果椭圆形，红棕色，单果重平均 12.5 克，每千克 78 粒左右，种仁涩皮易剥离，可溶性糖含量约 10.04%，品质优良，果实病虫害率约 4.5%，抗病虫能力较强。

（六）长安明栋

产于陕西省西安市长安区内苑、鸭池口一带。植株高大，树

冠为自然圆头形，结果枝较多，单株产量可达 35～70 千克，4 月下旬至 5 月上旬开花，9 月上中旬成熟。该品种喜阴凉、耐瘠薄，可在阴湿的山区生长，也可在沙质土上栽培，幼树生长快，易形成树冠，早结果。

（七）安栗 1 号

安栗 1 号板栗系 1986 年是从陕西省安康市财梁乡三湾村板栗实生群体中选育出的大果型优良品种。芽苞近三角形，顶端尖锐，总苞重 87 克，刺束中密，每总苞平均含坚果 2.67 粒，出实率 45.2%。坚果均重 12.6 克，果皮浅棕褐色，油光发亮，内壁有灰白色茸毛，果肉淡黄色，涩皮易剥离。结果枝较多，占整个树枝的 85%。结果母枝、雄花枝和纤细枝的比例约为 18.7∶7∶1。坚果色泽美观，香味浓。果实成熟期 9 月中下旬。

安栗 1 号具有早实、丰产、稳产的优良特性。适宜于长江中上游地区及秦巴山区海拔 1 200 米以下地区栽培。

（八）安栗 2 号

安栗 2 号板栗系 1986 年从陕西省安康市清坪乡马场村板栗实生群体中选出的中果型优良品种。树冠自然开心形，树姿极开张，分枝角度大，结果早，刺束稀、短而硬，每苞含坚果 2.72 粒，出实率 45.7%。坚果均重 9.3 克，大小均匀，果皮深褐色，光滑无毛，涩皮易剥离。结果枝较多，占整个树枝的 80%。结果母枝、雄花枝和纤细枝的比例为 17.7∶7∶1。坚果色泽美观，香味浓郁。果实成熟期 9 月上旬。

安栗 2 号板栗具有早实、丰产、稳产的优良特性。适宜于长江中上游地区及秦巴山区海拔 1 200 米以下地区栽培。

（九）燕　昌

又名下庄 4 号，由实生树中选出。原株生长在北京市昌平区下庄乡下庄村村北山坡下的梯田上。1982 年冬通过鉴定。树冠呈扁圆头形或自然开心形。结果母枝较长，平均29厘米，有混合芽3.3个，呈扁圆形。球果平均重 67 克，呈椭圆形，刺束密度较大，平均每苞中含有坚果 2.6 个，出实率为 40.5%。坚果单粒重 8.6 克，果面茸毛较多，果肩部分茸毛密度大，果皮红褐色，光泽中等，较美观。

本品种具有早期丰产的习性，嫁接后第二年即能大量结果。本品种栗子贮藏 3 个月后坚果含可溶性糖 21.63%，粗蛋白质 7.8%，脂肪 2.19%，栗子甜香而富糯性。

（十）燕 山 魁

燕山魁栗原代号为 107，于 1973 年在河北省迁西县汉儿庄乡杨家峪村从实生栗树中选出。1989 年通过专家鉴定，1990 年命名为燕山魁栗。树冠呈半圆头形。雄花序较一般品种长，而且多。母枝抽生果枝平均为 2.38 个，结果枝平均结总苞 2.15 个，总苞均重 65 克左右，呈椭圆形，刺束较密，斜生，成熟时呈“一”字形开裂，平均每苞含坚果 2.75 粒，出实率 38%～40%。坚果椭圆形，均重 10 克。果皮棕褐色，有光泽、茸毛少，涩皮易剥离。空苞率一般在 5% 以下。果粒整齐均匀，果肉质地细腻，味香甜，糯性强，可溶性糖含量约 21.12%，淀粉 51.98%，粗蛋白质 3.72%，适于炒食，品质极佳。萌芽期 4 月中旬，展叶期 4 月下旬，盛花期 6 月中旬，果实成熟期 9 月中旬，落叶期 11 月上旬。

该品种具有很强的适应性、丰产性和稳产性，连续结果能力强。尤其是耐瘠薄、少空苞是该品种的最大特点。幼砧嫁接后，3 年结果，4 年有效益，5 年生平均株产 2.6 千克。在北京、河北等省、市燕山栗区，太行山栗区和山东等地种植表现良好，可作为主栽品种推广发展。

（十一）燕山短枝

燕山短枝原代号为后 20，于 1973 年在河北省迁西县东荒峪镇后韩庄村从实生栗树中选出，是目前燕山板栗良种中唯一的短枝型品种。树体矮小，树冠紧凑，枝条短粗，叶片肥大，树势健壮，极抗病虫。新梢长度仅为普通型品种（燕山早丰）的 70%。母枝抽生果枝平均为 2.15 个，每果枝平均结苞 2.1 个。总苞均重 67.6 克，椭圆形，刺束密而硬，斜生，成熟时呈“一”字形开裂，出实率 40% 左右，坚果均重 9～10 克，果粒整齐均匀，果肉质地细腻，味香甜，糯性强，涩皮易剥离。该品种具有较强的丰产性和适应性，幼砧嫁接后 3 年结果，5 年生树平均株产 2.2 千克，每公顷产量为 2 739 千克。坚果适于炒食，品质极佳，可溶性糖含量约 20.57%，淀粉 50.58%，蛋白质 5.89%。萌芽期 4 月中旬，展叶期 4 月下旬，盛花期 6 月中旬，果实成熟期 9 月中旬，落叶期 11 月上旬。

该品种树体紧凑，短枝性状突出，果实品质极佳，丰产，适应性强，是生产上不可多得的短枝型优良品种。在北京、河北和山东等省（市）种植表现良好，可作为主栽品种推广发展。

（十二）莱西大板栗

莱西大板栗母树是自然杂交种，位于山东省莱西市院上镇大里村南板栗园中。1997 年 11 月 17 日山东省科委组织专家进行鉴定，并定名为莱西大板栗。雄花序平均 7 条左右，长 13 厘米左右。总苞大，苞刺较长但较密，苞皮较厚，出实率 43.1%。坚果均重 25 克，每千克平均 40 粒，果皮浅褐色，油光发亮，果顶生短茸毛，涩皮易剥离。坚果炒熟后质糯，风味香甜可口。据莱阳农学院化验，可溶性糖含量约 22.4%，淀粉 26.57%，粗蛋白质 7.24%，每 100 克（鲜果）含维生素 C 36.5 毫克。在山东省莱西市萌芽期为 4 月中旬，初花期在 5 月底 6 月上旬，盛花期在 6 月中旬，末花期在 6 月下旬。总苞开裂期在 9 月下旬，落叶期在 11 月上旬。

该品种较耐瘠薄，具较强的抗病虫能力。可以在山东省沂蒙山区、江苏省北部地区栽植。

（十三）沂蒙短枝

沂蒙短枝板栗母树是一个自然杂交种，1981 年莒南县林业局发现该短枝型优株。1994 年 9 月通过山东省日照市科委组织的专家鉴定，并定名为沂蒙短枝。树体矮小，树冠紧凑。结果母枝较短，平均 12.2 厘米。总苞中大，苞刺分枝，长 1.4 厘米，排列紧密，每苞平均含坚果 2.3 粒，出实率 40.8%。果实为红棕色，有油光，平均重 8.4 克，果粒整齐，果肉黄白色。坚果果肉质地细腻，风味香甜，涩皮易剥离，可溶性糖含量约 25.6%，淀粉 34.53%，蛋白质 3.93%，灰分 2.56%，属品质优良的炒食栗。在山东省莒南县，4 月上旬大芽萌动，4 月中旬发芽，初花期在 6 月上旬，盛花期在 6 月中旬，末花期在 6 月下旬。总苞迅速膨大期在 8 月中旬至 9 月中旬。9 月下旬果实成熟，11 月上旬落叶。

该品种较耐瘠薄，抗风，抗病虫害，特别是对叶螨有较强的抗性。可以在山东省沂蒙山区、江苏省北部地区栽植。

（十四）矮　丰

矮丰板栗由山东省莒南县林业局 1982 年选出，该母树是一自然杂交种。树形紧凑，结果母枝短粗，基、梢粗度较均匀。果前梢平均长 1.2 厘米，最长 3 厘米，突然变细，粗度约为总苞下部的 1/3，果前梢上平均着生芽 2.3 个，最多 5 个。每结果母枝抽生果枝 2.2 个，最多 5 个。坚果中等大小，平均重 7.15 克，果皮红褐色，有油光，果顶部具灰白色毛。70% 的果枝结苞 3 个，28% 的果枝结苞 2 个，单苞枝极少。正常年份无空苞，大旱年份空苞率 7%～15%。母树年株产量 25～29 千克，每平方米树冠投影面积产量为 1～1.25 千克。坚果 9 月底至 10 月初成熟。

矮丰属紧凑冠型品种，树冠扩展慢，结果枝多，早果性强，丰产性好，适宜密植栽培，耐短截。结果母枝短截后，当年有 40%～60% 的枝条可抽生结果枝。抗病性强，较耐干旱、瘠薄。可以在山

东省沂蒙山区、江苏省北部地区栽植。

（十五）泰栗1号

山东省新泰市楼德镇东王庄农技人员在粘底板无性系中发现1株变异植株，于2000年4月通过山东省林木品种审定委员会审定。树势健壮，干性较强。幼树生长旺盛，新梢粗壮；盛果期树势缓和。抽生强壮枝多、细弱枝少，形成结果枝多而粗壮，单果枝着生总苞适中，空苞率低，基部芽也能抽枝结果，短截修剪效果较好。果肉质地细糯香甜，涩皮易剥离，可溶性糖含量约22.5%，淀粉65.6%，蛋白质7.3%。属早熟、丰产、优质、较耐贮藏的炒栗兼加工品种。泰栗1号品种在山东省泰安市4月上旬萌芽，6月上旬盛花，9月初成熟，11月上旬落叶，果实发育期近100天，植株营养生长期210天。

该品种抗逆性强，适应性广。在山东省泰安、临沂、威海等内陆和沿海的丘陵山区、河滩和平原地栽培，树体生长发育良好，结果正常，早熟丰产，品质优良。

（十六）红 1 号

红1号板栗是1992年在以往选育种的基础上，从红栗×泰安薄壳杂交组合苗中选出的优良株（系），1995年通过山东省级鉴定。树冠圆头形。混合芽椭圆形，中大，芽体红色。总苞椭圆形，红色，苞皮薄。树势健壮，干性强。幼树期生长旺盛，新梢长而粗壮。盛果期树高4.5米左右，结果枝长约40厘米，果前梢大，大芽数量多，且充实饱满，抽生细弱枝少，强壮枝多。基部芽也能抽生结果枝。果肉质地细腻，风味香甜，可溶性糖含量约31%，淀粉51%，脂肪2.7%，品质优良。坚果在常温下沙藏5个月腐败率约2%，而对照品种红光栗在5%以上，为耐贮藏的炒栗品种。萌芽期为4月上旬，展叶期4月中下旬，盛花期6月上旬，雌、雄花期相吻合，果实成熟期9月中下旬，11月上旬落叶。

该品种抗逆性较强，适应范围广，在山东省无论山区、丘陵和河滩地条件下栽培，树体生长发育均良好，结果正常，早实丰产。由于总苞刺束稀少，对桃蛀螟等蛀果害虫具有较强的抗性。红1号品种不仅早实丰产，品质优良，适应范围广，而且具有幼叶、枝芽红色、总苞刺束紫红色的特异性状，是当前生产兼风景绿化的优良品种。

（十七）泰安薄壳

泰安薄壳板栗是山东省果树研究所20世纪60年代初从实生栗树中选出的优良品种。栗实美观、整齐，符合出口标准，抗旱耐瘠薄，适应范围广，抗病虫能力也强。河滩、平原、山地、丘陵地均宜栽培，现已遍及山东各栗产区，省外也已广泛引种栽培，生长结果表现良好，生态效益和经济效益十分显著。幼树树姿直立，结果比华丰、华光晚，嫁接苗定植后3年进入结果期。大量结果后树势缓和，连续结果能力较强，盛果期每公顷可产坚果4 500千克左右，且连续丰产稳产。空苞率仅1%（相同立地条件下的宋家早品种空苞率高达95%以上）。栗肉细糯香甜，可溶性糖含量约19%，淀粉66.4%，蛋白质10.5%，脂肪3%，品质甚优。极耐贮藏。在山东省泰安市4月上旬萌芽，6月初盛花，9月20日前后果实成熟。

宜选土层深厚、透气性强的微酸性土壤栽植，砂石山和平原砂壤土均可。

（十八）烟　丰

山东省烟台市林科所20世纪70年代选出。烟丰具有成花早、雄花量大、早果高产优质和栗实耐贮的特性。其芽的萌发率与成枝力均高，母枝抽生各类枝的比率是：结果枝占59%，雄花枝5%，纤弱枝36%。幼树3年结果，5年丰产，盛果期每公顷产量7 500千克左右。用烟丰高接换种的大树，2年结果，3年丰产。自花授粉结实率较低，一般不超过20%。总苞生长发育期为122天。坚果质糯，风味香甜适口，品质上等，可溶性糖含量约26.45%，淀粉56.32%，蛋白质9.45%，脂肪3.18%。在山东省烟台地区萌芽期4月中旬，展叶4月底，雄花序5月上旬出现，雌花序6月上旬出现，花期6月中下旬，成熟期为9月底至10月上旬，11月中下旬落叶休眠。

烟丰具有适应性强、耐旱薄、树体紧凑、早果、高产优质等特点，要求在土层较深厚、土壤较肥沃、pH值在6～7之间的壤土或沙壤土上栽植。是密植丰产栽培和开发荒山沙滩旱薄地的优良品种。

（十九）蒙 山 魁

蒙山魁栗是1988年从山东省费县境内蒙山腹地实生栗树中选出的良种，是目前北方炒栗优良品种中单粒重最大的品种，同时具有早实、丰产、优质等优良性状。幼树较直立，叶片肥大、深绿；枝条粗壮，芽体饱满；母枝平均抽生结果枝2.1条，每条结果枝平均结总苞2.5个，每苞内平均含坚果2.3粒，苞刺稀而短，出实率47.5%。坚果红褐色，半毛栗，均重15克，果肉黄色，涩皮易剥，果粒大小较整齐。5年生母树平均株产49.5千克，每平方米树冠投影面积平均产量0.6千克。用2年生幼砧嫁接后第二年结果，第三年平均株产1.6千克。坚果中可溶性糖含量约20%，淀粉69.9%，蛋白质5.46%。品质上等，糯性，适于炒食，耐贮藏。萌芽期4月上旬，雌花盛花期6月中旬，果实成熟期9月下旬。

适宜在山东省沂蒙山区及江苏省等地栽培，西北地区及河北省栗产区可以引种。

（二十）华　丰

华丰板栗为1978年利用杂种12号和板栗互为父母本进行人工套袋杂交，选出的新品种。1990年通过山东省验收鉴定，并正式定名为华丰板栗。幼树生长势强，成年后树势渐趋缓和。中幼砧木嫁接后7年生树高4.4米，冠径3～4米；适于短截更新修剪，萌芽率较高，成枝力较强，细弱枝较少。空苞率仅 1.6%。连续结果能力强，丰产、稳产性能好。坚果质地细糯，风味香甜，果肉可溶性糖含量约 19.7%，淀粉 49.3%，脂肪 3.3%，是优良的炒食栗。在山东省萌芽期为 4 月上旬，展叶期 4 月中旬，盛花期 6 月上旬，且雌、雄花期相吻合，果实成熟期为 9 月中旬，11 月上旬落叶。

华丰的抗旱及耐瘠薄性优于红光和红栗等品种，嫁接亲和力强，适应性广，无论在山地、丘陵和沙地栽培，均表现早果丰产，品质优良。在土壤条件良好、管理水平较高的情况下，更易发挥其增产潜力。

（二十一）华　光

华光是山东省果树研究所于 1993 年以野生板栗和板栗杂交育成。在全国重点栗区已推广栽植。树冠易成开心形。混合芽大而饱满，近圆形。每结果母枝抽生结果枝 2.9 条，每结果枝着生 2.7 个总苞，总苞椭圆形，皮薄、刺束稀而硬，多“一”字形开裂。总苞柄较长，平均每苞有坚果近 3 个，出实率 55%。坚果椭圆形，均重 8.2 克，大小整齐，果皮红棕色、光亮。果肉质地细糯、香甜，可溶性糖含量约 20.1%，淀粉 48.95%，蛋白质 8%，脂肪 3.35%，底座小，果实耐贮藏。4 月上旬萌芽，4 月中旬展叶，6 月上旬盛花，9 月中旬成熟，11 月上旬落叶。

本品种树体健壮，枝粗芽大，早果丰产，品质优良，适宜短截修剪，抗逆性强。适宜在全国的丘陵山区和河滩平地发展栽培。

（二十二）郯城 207

1964 年于山东省诸城市茅茨村选出。树冠圆头形，嫁接树生长旺，成年树树势中庸，枝粗芽大，叶片肥厚，形成雌花的能力较强。结果母枝粗短，每母枝抽生 2.4 个果枝，每果枝平均结苞 2 个，出实率 35%～40%。总苞椭圆形，刺束较密，每苞含坚果 2.6 粒。坚果中等大，单果重 9～14 克，为大型红褐色明栗。含可溶性糖

11.9%，淀粉 69%，蛋白质 10.5%，脂肪 3.4%，品质中上等。果实较耐贮藏。在山东省萌芽期 4 月中下旬，雌花盛花期 6 月中旬，果实成熟期 9 月中下旬。

中晚熟品种，在肥水条件差，采收早、成熟度差时，坚果不饱满，栗实易失水皱皮。适于在山东省、江苏省北部、长江流域等土层厚、土质好、管理水平较高的条件下栽培。

（二十三）金　丰

又名徐家一号。1969 年选出，母树生长在山东省招远市徐家村南沟瘠薄的砾质沙土坡地上。树体大小中等，开张。雄花量少。每母枝抽生 2.2 个结果枝，每结果枝结苞 2.4 个。总苞特大，为 8.8 厘米 × 9.5 厘米，每苞含坚果 2.7 粒，出实率 34.6%。坚果均重 15.2 克，最重可达 22 克，果皮棕红色，茸毛多，果肉乳黄色。果肉味香甜，含可溶性糖 12.08%，淀粉 55.1%，蛋白质 8.4%，脂肪 3.5%，品质上等，耐贮藏。果实 9 月中下旬成熟。

适应性强，在瘠薄山丘地和河滩沙地生长发育良好，丰产。

（二十四）石　丰

1971 年选出，母树生长在山东省海阳县中石现村山麓的砾质沙土上。树体偏小，树冠开张。雄花量多。每结果母枝上着生 2～3 个结果枝。总苞椭圆形、中大，纵、横径为 6.6 厘米 × 8.5 厘米，苞壳薄，刺短而密，每总苞平均含坚果 2.5 粒，出实率 34%。坚果均重 7.5 克，最大 10.3 克，果皮红棕色，茸毛少，果肉乳黄色。果实含可溶性糖 25.29%，淀粉 43.1%，蛋白质 7.3%，脂肪 3.5%。果实 9 月下旬至 10 月初成熟。适应性强，在山丘地、河滩地栽培，生长发育良好。适宜在山东省、江苏省北部引种。

石丰为稳产高产品种，适于密植。应施足基肥并适时追肥，以克服其坚果颗粒偏小的缺点。

（二十五）上　丰

原名步家1号，1977年定名为上丰，是胶东半岛栽培的主要品种之一。幼树生长较旺，树姿直立，树冠紧凑，嫁接后4年长势迅速。果枝平均长23.4厘米，每结果母枝抽生果树2～3条，每果枝着生总苞2个。总苞椭圆形，刺束稀而直立，每苞含坚果2.2个。坚果大小整齐，均重8.3克，果皮深褐色、有光泽。果枝连续结果4～5年。空苞率8.3%。果肉质地细糯，风味香甜，品质上等，耐贮藏。果实10月上旬成熟。

适应性强，在山东省山丘地和河滩地栽培，生长发育良好，丰产，适宜密植。

三、南方板栗优良品种

（一）安徽大红袍

又名迟栗子。原产于安徽省广德县。树势中等，11年生树高4.95米，东西冠幅4.9米，南北冠幅4.89米，母枝抽生结果枝能力为2.3个，每结果枝总苞数为1.7个。总苞大小中等，出实率41.1%。坚果红色，有光泽，均重15.1克。11年生单株产量为6.04千克，最高单株产10.5千克。坚果味甜、有微香，果肉偏糯性，可溶性糖含量7.4%，淀粉46.1%，蛋白质7.13%，脂肪2.3%。4月上旬萌芽，5月下旬开花，10月下旬果熟，11月下旬落叶。

该品种在红壤丘陵地表现丰产，坚果大小中等，品质较佳，适应性广，抗旱能力较强，宜菜食和炒食。适宜在安徽省、浙江省等地栽培。

（二）粘 底 板

原产于安徽省舒城。因成熟后栗蓬开裂而坚果不脱落，故称粘底板。树势中等，树形较为开张。叶长椭圆形，雄花序平均长度15.3 厘米，每结果新梢上挂果 3.4 个。苞皮厚 3.1 毫米，总苞近圆形，刺束长、直立、排列密，出实率 38%。坚果椭圆形，均重 12.5 克，红褐色，光泽一般，茸毛少，底座较大。坚果耐贮藏，病虫害较少。坚果含可溶性糖 15.15%，蛋白质 5.74%，每 100 克鲜果含维生素 C 22.46 毫克。在湖北省武汉地区开花盛期为 6 月上旬，坚果成熟期为 9 月下旬至 10 月上旬。

适合于长江中下游栗产区栽培。

（三）安徽处暑红

又名头黄早。产于安徽省广德县砖桥、山北、流洞等地。树形中等，树冠紧密，圆头形，枝节间短，分枝角度较小。坚果均重 16.5 克，紫褐色，光泽中等，果面茸毛较多，果顶处密集，栗粒明显可见。幼树生长较旺，进入结果期早，嫁接苗 3 年株产可达 1.3 千克，第五年株产 3.3 千克，进入盛果期后，产量高而稳定。果肉细腻、味香，平均含可溶性糖 12.6%、淀粉 51.1%、蛋白质 6.07%。坚果 8 月下旬至 9 月上旬成熟。

本品种受桃蛀螟、栗实象鼻虫危害较轻。产量高、稳定，果实成熟早，在中秋节前可上市，很有市场竞争力，颇受产区欢迎。

（四）节 节 红

1993 年，在对安徽省板栗种质资源调查过程中发现，该优良单株于 2002 年通过安徽省林木品种审定委员会审定，并命名为节节红。树姿直立、紧凑，树冠圆头形。总苞特大，均重 162.3 克，最大苞重 182.8 克，平均每苞含 3 个坚果，出实率 43.5%。坚果椭圆形，硕大，均重 25 克，最大粒重 32.9 克，果面具油脂光泽，果肉淡黄色。在安徽省潜山等地 3 月中旬萌芽，3 月下旬展叶，雄花序出现期为 4 月上旬，盛花期 5 月中下旬，雌花盛开期 5 月下旬，果实成熟期 8 月下旬至 9 月初，落叶期 11 月中旬。

适应性广，耐旱，抗病虫，耐瘠薄。自花结实率高，花期遇连阴雨坐果率仍很高。适宜在长江流域及以南丘陵山地栽培。

（五）九 家 种

原产于江苏省苏州市吴中区洞庭西山。由于优质、丰产、果实耐贮藏，所以当地有“十家中有九家种”的说法，表明深受农民欢迎，因而得名。树势中等，树形小而直立，树冠紧凑，枝粗短，节短。11 年生树高 5.2 米。总苞中等大，椭圆形，出实率约 41%。坚果圆形，中等大，均重 10.2 克，果皮赤褐色、有光泽。坚果可溶性糖含量约 4.1%，淀粉 51.1%，蛋白质 9.1%，脂肪 2.1%。4 月下旬萌芽，5 月中旬开花，10 月上旬果熟，11 月上旬落叶。

该品种宜选择在海拔 700 米以上地带、土层深厚的地方种植，树形较小，树冠紧凑，适于密植，丰产，品质较佳，适于炒食或做菜。近年来，山东、河南、安徽、浙江、湖南、广西、云南等省、自治区，已先后引入该品种试验，表现良好。

（六）大 底 青

原产于江苏省宜兴市。树势旺，树冠圆锥形。11 年生树高 5.2 米。总苞中等，椭圆形，出实率约 36%。坚果大，均重为 19 克，果皮赤褐色，有光泽。果肉质细，糯性，味甜有微香，可溶性糖含量约 3.13%，淀粉 40.5%，蛋白质 9.67%，脂肪 2%。4 月上旬萌芽，5 月下旬开花，9 月下旬至 10 月上旬果熟，11 月下旬落叶。

该品种在红壤丘陵地栽植表现丰产，果大、品质较佳，适宜做菜食用。适合于长江中下游栗产区栽培。

（七）薄壳油栗

原产于江苏省南京市。树势中等，树冠较开张。每母枝抽生结果枝能力为 1.9 个，每结果枝结苞 1.7 个。总苞中等大，圆球形，苞皮薄，出实率 50.9%。坚果棕褐色，有光泽，均重 16.9 克。果肉

平均可溶性糖含量3.5%、淀粉38.1%、蛋白质8.31%、脂肪2.7%。4月上旬萌芽，5月下旬开花，10月上旬果熟，11月下旬落叶。

该品种在红壤丘陵地栽植表现较丰产，结实率高，品质较佳，宜做菜食和炒食。适合于长江中下游栗产区栽培。

（八）青皮软刺

又名软毛蒲、软毛头。原产于江苏省宜兴市、溧阳市两地。树势强旺，分枝性强，11年生树高5.1米。树冠圆锥形，每母枝抽生结果枝1.82个，每结果枝结苞1.87个。总苞中等大，椭圆形，出实率43%。坚果均重13克，果皮紫红色，有光泽。坚果肉质糯质、味甜、有微香，平均可溶性糖含量3.5%，淀粉36.5%，蛋白质7.31%，脂肪1.68%。4月上旬萌芽，5月下旬开花，10月上旬果实成熟，11月下旬落叶。

该品种在红壤丘陵地栽植表现丰产，品质较佳，较耐贮藏，宜菜食和炒食。适合于长江中下游栗产区栽培。

（九）短毛焦刺

原产于江苏省宜兴市。树冠圆锥形，每母枝平均抽生结果枝1.78个，每结果枝平均结苞1.9个。总苞大，椭圆形，出实率45%。坚果大，均重18克，最大粒重26克，果皮紫褐色、有油脂光泽，果顶端茸毛多。果肉质糯，味甜、有微香，平均可溶性糖含量3.95%、淀粉35%、蛋白质6.61%、脂肪2.76%。4月上旬萌芽，5月下旬开花，9月中下旬成熟，11月下旬落叶。

该品种在红壤丘陵地栽植树势旺，果大，整齐，丰产，品质较佳，宜作菜食。适合于长江中下游栗产区栽培。

（十）江苏处暑红

原产于江苏省宜兴市、溧阳市两地。由于果实成熟期早，所以一般在处暑成熟，故称为处暑红。树势中等，冠开张，枝条稀疏。

母枝抽生结果枝 2.1 个，每结果枝平均结苞 1.76 个。总苞大，椭圆形，出实率 35%。坚果大，均重 21.4 克，果皮深赤褐色，有光泽。大小年不明显。果肉糯性，味甜，有微香，平均可溶性糖含量 2.75%，淀粉 50%，蛋白质 6.43%，脂肪 1.64%。4 月上旬萌芽，5 月下旬开花，9 月上中旬成熟，11 月下旬落叶。

该品种在红壤丘陵地栽植表现丰产，果粒大，品质佳，抗逆性和适应性较强，成熟期早。适宜长江中下游栗产区大、中城市近郊栽培，供菜用。

（十一）上 虞 魁

原产浙江省上虞市，为当地主栽品种，以果大而著名，一般粒重 17.85 克。树势中庸，树冠开张，呈自然开心形或圆头形。总苞长椭圆形，均重 132.1 克。一般每苞含坚果 2.1 个，出实率 32%。坚果大，为板栗之“魁”，单果重 17.85～19.23 克，外形美观，果皮赤褐色，富光泽，少茸毛，顶部平或微凹，肩部浑圆，底座小，接线平直，果肉淡黄色。魁栗味甜，粳性，宜菜用，也可加工成罐头、栗子羹、糕点等副食品，营养丰富，果肉可溶性糖含量 8.4%～9.2%、淀粉 47.6%～76%、蛋白质 6.7%～11.1%、脂肪 1.4%～3.3%，还富含多种维生素和钙、磷、钾，但不耐贮藏。坚果成熟较早，一般在 9 月中旬。

魁栗性喜光、耐瘠薄，适应性广。在山坡、地角、路旁均可种植。

（十二）毛 板 红

1964 年，通过对浙江省的板栗主产县淳安、上虞、长兴、富阳、缙云等地进行品种资源调查，最后选出了经济性状表现突出的诸暨短刺板红和长刺板红。由于这两个良种的坚果性状相似，统称其为毛板红。树势中庸，树冠半开张。结果枝长 16.5 厘米。母枝平均抽生果枝 1.67 个，每果枝着果 1.45 个。总苞大，椭圆形，每

苞内含坚果 2.42 个，出实率 35.75%。坚果籽粒均匀，上半部多毛，果形长圆平顶，果较大，均重 15 克。结果能力强，结果枝占 53.08%，大小年结果现象不明显。坚果耐贮藏，贮后 4 个月腐烂率不到 10%。坚果炒食、菜用均可，并适宜加工。

耐干旱、瘠薄，对栗疫病、栗瘿蜂等有较强的抗性。

（十三）浙 903 号

树势较强，树冠圆头形。结果枝长 21.5 厘米，芽眼饱满。每母枝发果枝 1.5 个，每果枝着总苞 1.6 个，结果枝比例 61%。总苞大，刺较密，总苞含坚果 2.6 个，出实率 42.7%。坚果大，均重 15.2 克，赤褐色，表面有茸毛，顶部和底部周围的毛比较集中。嫁接后第三年始结果，平均株产 0.46 千克，第四年平均株产 1.1 千克，第五年平均株产 4.25 千克。在山地栽培效果良好，平均产量比毛板红高 34.9%，且质糯味香，品质上等。坚果外观好，商品性好。贮藏性能好，普通沙藏 4 个月腐烂率低于 10%。芽于 3 月下旬萌动，展叶期 4 月上旬，雄花序出现期 4 月 16 日，盛开期 5 月 18 日至 6 月 10 日，成熟期 9 月 23～28 日。

耐干旱瘠薄，适宜于南方丘陵山地栽培，可以在浙江省及周边地区优先推广。

（十四）永荆 3 号

永荆 3 号栗母枝为实生树，树姿开张，枝条粗壮。每苞含坚果 2.6 个，出实率 43%。坚果椭圆形，平均粒重 18.3 克，果肉乳黄色，熟食粉质而略有桂花香味，栗肉炒菜不糊。平均含总糖 12.21%，还原糖 1.36%，淀粉 77.73%，纤维素 1.87%，含水量 53.65%。在浙江省永嘉县 3 月下旬萌芽，4 月中旬展叶。雄花始花期 5 月上旬，盛花期 5 月中下旬，终花期 6 月上旬。雌花始花期为 5 月中旬，盛花期 5 月下旬，终花期 6 月上旬。果实成熟期 9 月上中旬，落叶期 12 月上旬。

（十五）双季板栗

双季板栗是浙江省开化县特产局经过多年选育出来的板栗新品种。它具有一年开两季花、结两季果的特点。

幼树生长旺盛，枝条粗壮，直立性强。总苞较大，均重180克，刺束较稀长，苞壳薄，成熟时呈“一”字形开裂，每苞平均含坚果3粒，出实率51.9%。坚果大，平均单果重27.5克，最大果重达60克，果皮棕褐色，有光泽，坚果顶部有少许茸毛。双季板栗属早熟品种，果实生育期短，第一季成熟期为8月底，第二次开花基本上集中在7月中下旬，果实生育期90～102天，在10月份无明显霜冻的地方可以正常成熟。第一季基本无空苞，第二次自花结实率高，特别是第二季在无其他花粉的情况下，结果性能很好，无生理落果现象，坚果质糯、味甜，两季果商品性都好。

（十六）它　栗

它栗为湖南省邵阳市的农家品种，是当地的主栽品种，栽培历史悠久。树势较强，树型较小，枝条开张，树冠半圆头形。总苞椭圆形，刺束较密而硬。每苞含坚果2～3个。坚果扁椭圆形，平均单果重13.2克，果皮棕褐色，光泽暗淡。树发枝力很强，每母枝抽生新梢5～7个，结果枝占38.4%，每果枝平均着生总苞1.8个。果实中可溶性糖含量约15%～20%，淀粉62%～70.1%，蛋白质10.7%，脂肪3.4%，极耐贮藏。果实9月中下旬成熟。

在广西、广东、江西、安徽、江苏等省、自治区引种表现良好。它栗适应性强，对气候、土壤要求不严，耐寒、耐旱、耐高温、耐瘠薄。

（十七）靖州大油栗

靖州大油栗为湖南省靖州县著名的优良种质资源，南方各地也相继引种栽培，有的初见成效。坚果大，平均单果重27.5克，最大果重达42.2克，果皮紫红、油亮。早实性好，定植1～3年可始果，5年后进入盛果期（株产≥10千克）。坚果含淀粉49.8%～65.9%，蛋白质9.2%～11.8%，脂肪3.8%～4.7%，多种维生素和微量元素含量明显高于其他品种。4月上中旬萌芽，6月上旬开花，9月中下旬坚果成熟。

耐旱涝，耐瘠薄，耐高、低温，抗病虫。本品种对板栗疫病的抗性尤为突出。山地、丘陵、平川均可栽培，是丘冈山地开发、移民开发等的好树种。

（十八）大果中迟栗

主产于湖北省罗田县。幼树树势偏弱，树形开张；雄花序长17.8厘米。每结果枝结总苞1.1个。总苞扁椭圆形，刺束短，排列较密，略斜生，苞皮较厚，出实率40%。坚果椭圆形，平均单果重20克，果皮赤褐色，光泽好，茸毛少。该品种果形大、整齐、品质好、较耐贮藏，对栗实象有较强的抗性，但早期丰产性较差，栽植第四年株产1.05千克。坚果平均含总糖15.95%、蛋白质4.32%，每100克鲜果含维生素C 28.65毫克。在武汉地区开花盛期5月下旬至6月上旬，果实成熟期为9月20日左右。

适合于长江中下游栗产区栽培。

（十九）湖北大红袍

主产于湖北省京山、武汉等地。树势中等，树姿开张。叶长椭圆形。雄花序长度16厘米，每结果新梢挂果2.2个。总苞椭圆形，苞皮较厚，刺束长，较斜生，排列中密，出实率40%。坚果大，平均单果重18克，果皮紫红色，茸毛少。该品种较耐贮藏，早期丰产性好，且能丰产稳产。坚果平均含总糖12.85%、蛋白质3.68%，每100克鲜果含维生素C 23.35毫克。果实成熟期为9月上中旬。

该品种对栗实象和桃蛀螟抗性较差。

（二十）薄壳大油栗

主产于湖北省罗田县。树势强健，树冠紧凑。1 年生结果母枝长 28.3 厘米，粗 0.68 厘米。叶长椭圆形。雄花序长约 14.2 厘米，每结果枝结总苞 2.3 个。总苞圆球形，苞皮薄，刺束短，排列稀疏，斜生，出实率 55%。坚果大，平均单果重 18 克。该品种早期丰产性好，栽植第四年株产 2.42 千克，坚果耐贮藏，品质好，抗桃蛀螟能力强。坚果平均含总糖 15.32%、蛋白质 6.31%，每 100 克含维生素 C 20.1 毫克。果实成熟期为 9 月下旬至 10 月上旬。

（二十一）浅刺大板栗

树势强健，树冠较紧密。1 年生结果母枝长 23 厘米。每结果枝结总苞 2.2 个。总苞椭圆形，出实率 40%。坚果大，均重 18 克，果皮紫红色，茸毛少。该品种较耐贮藏，早期丰产性好，且能丰产稳产，对栗实象和桃蛀螟抗性较差。坚果可溶性糖含量 12.85%、蛋白质 3.68%，每 100 克鲜果含维生素 C 23.35 毫克。果实成熟期为 9 月上中旬。

（二十二）罗田早熟栗

每母枝平均抽生结果枝 2.1 个，每结果枝平均结总苞 1.61 个。总苞中大，椭圆形，出实率 38.8%。坚果大，均重 15.5 克，果皮暗紫褐色、有光泽。果枝连续 2 年抽结果枝的占 39.4%。连续 3 年抽结果枝的为 24.9%。大小年结果现象不明显。11 年生单株均产 6.07 千克，最高单株产 10.05 千克。果肉偏粳性，味较甜，有微香，平均含可溶性糖 6.17%、淀粉 45%、蛋白质 9.24%、脂肪 3.14%。果粒较大，品质较佳，成熟期早，宜作菜食和炒食用。9 月中旬果实成熟，11 月下旬落叶。

该品种在红壤丘陵地栽植能丰产。适宜于湖北、湖南省等长江中下游栗产区栽培。

（二十三）桂 花 香

原产于湖北省罗田县。树势中等，树冠紧凑。1 年生结果母枝长 31 厘米。每个结果新梢上平均挂果 1.5 个。总苞短椭圆形，均重 68 克，苞皮厚 2.1 毫米，刺束短，排列疏，出实率 54%。坚果椭圆形，平均单果重 12.39 克，果皮红褐色，色泽光亮，茸毛少，坚果底座小。病虫害极少，坚果耐贮藏，品质好。坚果平均含总糖 14.545%、蛋白质 4.6%，每 100 克鲜果含维生素 C 17.27 毫克。在武汉地区开花盛期为 5 月中下旬，果实成熟期在 9 月 5 日左右。

适合于长江中下游栗产区栽培。

（二十四）农大 1 号

树形矮化，树冠紧凑。每果枝结总苞 1.83 个。总苞均重 66.2 克，出实率 48.37%。坚果大，均重 10.04 克。枝条壮实、芽饱满，结果母枝的质量较高，花芽分化比较彻底，连续结果能力强，可达 82.98%，大小年结果现象不明显。部分雄花序在发育过程中败育。果实发育期有所缩短，但果实仍保持了原品种优良品质，风味较好。稳产性好。

经长期观察，农大 1 号板栗未发现严重的病虫害，特别是对斑点病、叶斑病和干枯病有较强的抗性。

（二十五）中果红油栗

原产于广西壮族自治区平乐县同安乡老圩村。树势强健，树姿开张，树冠高圆头形。每母枝抽生果枝 2 条，每果枝结总苞 2.1 个，总苞中等大，椭圆形，每苞含坚果 2.4 粒，出实率 48.1%。坚果椭圆形，中等大，平均单果重 13.4 克，最大果重达 14.3 克，果皮红色至红褐色，油亮，茸毛极少。果肉细糯而甜，含可溶性糖 13.5%、淀粉 67.5%，耐贮藏。5 月中旬开花，果实在 9 月下旬成熟。

多在平原地区栽培。适宜于广东、广西等省、自治区栽培。

四、丹东栗与日本栗优良品种

（一）优系 9602

总苞黄绿色，扁圆形，成熟开裂时为黄褐色。每个苞含 3 个坚果。坚果大，平均单果重 16.7 克，最大果重 28 克，淡褐色，茸毛少，两边果为扁圆形，果肉淡黄色，涩皮难剥离。幼树生长旺，进入结果期长势缓和。以中、长果枝结果为主。从第七节开始着生总苞。结实率高，未发现空苞现象。在一般栽培管理条件下，采用硬枝低接法，当年见果株率达 26%，第二年平均株产 1.78 千克，第三年平均株产 4.6 千克，第四年平均株产 6.7 千克，每公顷产量约 4 422 千克。果肉质细，味甜，稍有香气，含水量 57.2%，可溶性糖含量 24.8%，淀粉 41.12%，蛋白质 4.5%。

（二）沙早 1 号

树势中庸，树冠紧凑，树体矮小，树姿较开张。结果母枝平均结总苞 5～6 个，每苞含 3 个坚果。雌花序多于雄花序。果实大型，椭圆形，平均单果重 17 克，最大果重 33 克，果面紫红色，光亮美观，果肉黄白色。与丹东实生栗嫁接亲和性好，与中国实生栗嫁接亲和性较差。内膛枝结果能力强，结果母枝具有连续结果能力。果肉质地细糯，风味香甜，品质好，耐贮藏。该品种抗寒性强，在 1999—2000 年冬严重低温下，表现出极强的抗寒性，无任何冻害。

具有结果早、丰产、早熟、抗寒、抗病等优点，适宜于辽宁、吉林省等寒冷地区栽植。

（三）辽栗 23 号

树姿较直立，树冠圆头形。坚果椭圆形，浅褐色，果面有少量短茸毛。总苞内含坚果 2 粒，平均单果重 14.7 克。抗栗瘿蜂能力与

抗寒性较强。早期丰产性强，适于密植栽培。辽宁省凤城市嫁接第二年结果株率达 90% 以上，嫁接树 4～6 年生平均株产 4 千克。

适宜在辽宁省桓仁（北纬 41° 5′）以南，土层深厚、土壤 pH 值 5.5～6.5 的地区栽培。该品种适应性较强，在土壤瘠薄的山地栽培也能获得较高的产量。

（四）辽栗 15 号

树姿直立，树冠圆头形，早期丰产性强，适于密植栽培。总苞含坚果 2.5 粒，坚果椭圆形，红褐色，有光泽，单果重 15.2 克。果实 9 月中旬成熟。

适宜在辽宁省桓仁（北纬 41° 5′）以南，土层深厚、土壤 pH 值 5.5～6.5 的地区栽培。在土壤瘠薄的山地栽培也能获得较高的产量。抗栗瘿蜂能力与抗寒性较强。

（五）辽栗 10 号

树姿较开张。坚果三角状卵圆形、褐色，果面光亮，涩皮较易剥离。果肉黄色，较甜，有香味。总苞含坚果 2.4 粒，平均单果重 18.9 克。出实率 65.7% 左右，每千克含坚果约 53 粒。果实 9 月下旬成熟。

该品种适宜在年平均气温 7.7℃线以南，背风向阳、土层深厚、土壤 pH 值 5.5～6.5 的地区栽培，如辽宁省的凤城、东港、岫岩、庄河、绥中、兴城等地。适应性较强，在土壤瘠薄的山地栽培也能获得较高的产量。

（六）丹　泽

又名栗农林 1 号。是日本农林省农业技术研究所园艺部通过杂交育成的品种。亲本为乙宗 × 大正早生，极早熟品种。1959 年命名公布，是日本 20 世纪 50 年代选育的抗栗瘿蜂品种之一。树姿较开张，树势较强，发枝旺，分枝多，树形为圆头形，小冠。总苞丰圆，苞皮中厚，出实率约 42%。坚果个大、长三角形，平均单果重

22.5 克，果皮深褐色，有光泽，果肉淡黄色。属早熟品种。坚果既可生食又可加工，果肉粉质，甜度中等。在山东省泰安市 4 月上旬萌芽，4 月下旬至 5 月上旬开雄花，雌花比雄花晚 10～15 天。果实成熟期为 8 月下旬。

对栗疫病抗性较强，其缺点是有裂果现象。同时，该品种是其他品种良好的授粉组合。

（七）岳　王

朝鲜栗。树势健壮，枝条生长快，树姿开张，属大冠形。叶窄、长披针形，叶色深绿，叶幕层较厚，生长势健壮。总苞含坚果 2～3 粒。果实个头大，平均单果重 22 克，最大果重 36.5 克。比较丰产、稳产，嫁接第二年结果株率可达 95% 以上，大砧木嫁接 3 年每公顷产量可达 1 500 千克。坚果平均含可溶性糖 10.77%、淀粉 29.79%、蛋白质 4.2%，每千克含磷 638 毫克、含钙 159 毫克。9 月中旬成熟。

适宜于湖北、湖南省等地栽培。

（八）土 60 号

朝鲜栗。1989 年辽宁省农业厅通过朝鲜农业委员会引进，并在辽宁省东部山区进行多点试栽，效果良好。成龄栗树树冠圆头形，树姿开张，生长势强。坚果椭圆形，外果皮光亮，红褐色，茸毛极少，单果重 8～9 克，涩皮易剥离。抗虫性极强，在栗瘿蜂危害猖獗的辽宁省东港市合隆镇，该品种在人工接种和自然接种条件下，连续 2 年的抗虫性表现绝对免疫，芽、枝均无被害，而对照芽、枝被害率均在 50% 左右。在辽宁省丹东地区萌芽期为 4 月中旬，展叶期为 5 月上旬，雄花始花期为 6 月中旬，盛花期为 6 月中下旬，雌花始花期为 6 月中旬，盛花期为 6 月下旬，果实成熟期为 9 月下旬。

（九）筑　波

又名栗农林 3 号。是日本农林省农业技术研究所园艺部通过杂交育成的品种，是日本选育的抗栗瘿蜂品种之一，现为日本主栽品种之一。树形较矮，圆锥形，树姿较直立，树势较强。总苞扁圆形，苞皮较薄，出实率 45%。坚果呈短三角形，平均单果重 24.5 克，最大果重可达 40 克，果顶稍尖，果皮红褐色，有光泽。果肉淡栗色。大小年结果现象不明显，是日本栗中高产稳产性最强的品种之一。果肉粉质，甜度较大，香气浓郁，双子果少，耐贮藏，宜加工。

对土壤的适应性较强，也容易管理，是日本、韩国的主栽品种。在日本易受栗瘿蜂危害，对食叶害虫抗性较弱。

（十）银　寄

是日本和韩国有名的中晚熟代表性品种。树姿为圆头状，较开张，树势强健，树冠高大。枝条节间短，生长量较大，树体明显乔化，同样条件下的同龄树，比筑波高出 1/3。发芽早，落叶晚。总苞扁椭圆形，苞皮较薄，出实率 43%～45%。坚果呈扁圆形，平均单果重 25 克，果皮深褐色，光泽度好，果肉淡黄色、粉质，坚果内侧面稍弯曲，排列规整。

较耐瘠薄，适宜中等肥力的土壤。该品种几乎是各个品种的良好授粉树。抗栗瘿蜂能力强，在日本和韩国广泛种植。

（十一）利　平

利平栗由日本岐阜栗农从中国板栗与日本栗的自然杂交种中选出。树体较矮。叶色淡绿，有光泽。坚果扁圆形，平均单果重 26 克，果皮黑褐色，有光泽，外观极美，果肉淡黄色。树势较弱，新梢生长缓慢，分枝力较弱，节间短。果肉甜味浓，质地较硬，不适于加工。在广东省阳山县 3 月下旬萌芽，4 月上旬抽梢，4 月中旬开雄花，雌花约迟 15 天，春梢 4 月上旬抽出，夏梢 5 月下旬抽出，秋梢 7 月下旬抽出，易产生二次花，并可 2 次挂果，第一次收获期为 8 月下旬，第二次收获期为 10 月中旬。

抗寒能力较强，可在我国北部栗产区栽培。

五、优良板栗砧木

板栗繁殖的方法，主要是实生繁殖与嫁接繁殖。苗圃培育实生苗、圃内或田间嫁接生产品种化苗木仍然是板栗繁殖的主要途径。板栗嫁接繁殖对砧木种类要求严格，必须是本砧嫁接，只有板栗及与板栗亲缘关系最近的野板栗（板栗的原始种）可作砧木。表 3–1 是几种栗的比较，种植户在选择砧木时必须注意区别。野板栗砧木与本砧嫁接者比较如表 3–2 所示，用作砧木嫁接的野板栗树冠小，树势弱，产量低，寿命短。日本栗的嫁接亲和性也很差，与板栗嫁接不亲和，与朝鲜栗（分布于朝鲜半岛的日本栗）嫁接表现亲和性差，即使是本砧嫁接，也有轻微的不亲和现象（表 3–3）。

表 3–1　实生板栗、野板栗、茅栗、锥栗嫁接板栗的比较

种　类	实生板栗	野板栗	茅　栗	锥　栗
分　布	产区附近	低山丘陵	较高山区	丘陵及山区
生物学特性	①高大乔木 ②进入结果期晚，一般需 5～7 年 ③果枝上一般 1～3 个刺苞 ④坚果大 ⑤叶片宽大，叶背散生星状毛	①小乔木或灌木 ② 1～2 年生就能结果 ③刺苞成串着生，有的果枝多至 20 多个 ④坚果小，一般不过 3 克 ⑤叶片短小，叶背具星状毛	①小乔木 ② 1～2 年生能开花结果 ③能成串结果 ④坚果多为小型，重 0.7～1 克 ⑤叶片短小，叶背具鳞片状腺点	①高大乔木 ②进入结果期较晚 ③果枝上结 1～5 个刺苞不等 ④坚果单生，圆锥形 ⑤叶片较狭长，背面光滑无毛
嫁接板栗后的反应	①成活率很高 ②植株树势强壮、寿命长	①成活率很高 ②植株树势较弱，寿命短干易空心	极难成活	难成活

表 3-2　不同产区利用砧木情况的比较

产　区	砧木类型	树高（米）	树　势	单株产量	寿　命
湖北罗田、麻城；浙江长兴	栽培品种的实生苗	>5	强	>10 千克的单株很多	一般 60 年后才逐渐衰老
江苏宜兴、溧阳；安徽广德；湖北宜昌	野板栗	<5	弱	单株 <10 千克	一般 40 年左右即衰老

表 3-3　不同砧穗组合的接口部位异常表现（河濑，1972）

接　穗	砧　木	调查株数	接口部位异常		冻害胴枯病	枯死数
			较　甚	轻　微		
筑　波	筑　波	10	0	1	0	0
筑　波	银　寄	10	0	3	2	0
筑　波	山　野	10	（1）	1	0	1
筑　波	柴　栗	10	0	2	（1）	1
筑　波	韩国栗 A	10	（1）	1	（1）	2
筑　波	韩国栗 B	10	0	4	1	0
筑　波	中国栗	7	（2）	2	2	2
丹　泽	韩国栗 B	3	1	0	（1）	1

第四章

优质苗木繁育

一、苗圃建立

（一）苗圃选址原则

设立苗圃必须慎重选好地址，这对提高苗木的产量、质量、降低育苗成本影响很大，特别对使用年限较长、面积较大的固定苗圃，地址问题更为重要。在确定苗圃的地址时，应该考虑以下几点。

1. 交通便利 苗圃一般应设在造林地的附近或造林地区的中心，并有公路、铁路或可资航行的江河相通，以便生产的苗木和所需的物资能及时地运出、运入，从而减少苗木损伤，降低生产成本，并为苗圃的机械化作业创造便利条件。

2. 地势平坦 苗圃地的坡度一般不应超过 3°，如限于条件，不得不在较陡的地块育苗时，则应修成水平梯田。土壤以疏松的沙质壤地为宜。若土壤过于黏重，则通气性不良，排水不畅；沙质过多，不仅容易漏失水肥，而且夏季地表温度过高，也易灼伤幼苗，均不利于育苗。

3. 排灌水方便 要引水有源，排水有路，地下水深度适宜。地下水的深度一般应在 1.5 米以下，沙土以 1～1.5 米、沙壤土以 2～2.5 米、轻黏壤土以 3～4 米为宜。过浅不仅影响苗木根系的发育，而且使苗木的生长期延长，以致冬前来不及木质化而遭受寒害。同

时，随着水分的蒸发，也容易将地下盐分带上来，造成土壤盐碱化。

4. 山地育苗地　应选坡度在30°以下，土壤含腐殖质多而肥沃的地块。利用山地斜坡育苗，一定要注意坡向。不同坡向各有利弊。北坡日照时间短，比较寒冷；南坡日照时间长，但土壤干旱；西坡风害多；东坡初春苗木萌动较早，而根系尚处在冻土中，对苗木生长不利。应根据当地的具体条件，确定适宜的坡向。一般来说，北方地区比较干旱，气候寒冷，以东南坡较好，南坡、北坡和东北坡不宜育苗；南方地区温暖多雨，以东南坡、北坡和东北坡较好，南坡及西南坡不宜育苗；高山地区由于空气湿度大，水分条件好，但温度低，以东南坡、西南坡或南坡较好。新撂荒地肥力差，保水力弱，容易引起水土流失，不宜于育苗。陕西省黄土地区在坡地育苗时，宜选用半阴半阳的山坡中、下部缓坡地带，如在沟底育苗，要做好防洪措施。

5. 沙荒地育苗地　宜选在靠近水源、低洼的沙窝或沙丘附近背风、平坦的地块。这些地方风蚀较轻，土壤湿润，苗木不易被沙压埋。在盐碱地育苗，为了减轻返碱现象，应选排水良好、土壤疏松、地下水较深的地块。盐碱重时，应先改良土壤，然后育苗。

6. 不宜选的苗圃地　阳光不足的狭窄山谷、盆地，容易积水的洼地，盐碱过重的地块、过分干燥的山顶以及风害严重的山口，均不宜选作苗圃。长期种过棉花、玉米、马铃薯等作物的土地，容易招致病虫危害，必须先进行土壤消毒，然后才能育苗。

（二）苗圃地的划分

苗圃地址确定后，即可进行区划。区划前先要测量圃地，并绘出平面图，作为区划的基础。区划内容包括生产区和辅助用地两部分。

1. 生产区的划分　一般可将苗圃区划为播种区、插条区、移植区等几部分。由于播种苗的幼苗对不良环境的抵抗力弱，要求管理细致，播种区应设在地势平坦、土壤肥沃、便于灌溉的地方；插条区宜设在土层深厚、地下水位较高的地方；土壤条件中等的地方，可设为大苗移植区。

2. 辅助用地的划分

（1）**房屋场院** 房屋包括办公室、宿舍、仓库、种子贮藏室、畜舍等；场院包括堆制肥料、装卸车、晾晒等场地。房屋、场院一般应设置在土壤条件较差的地段。大型苗圃的房屋最好坐落在圃地的中央，以便经营管理。

（2）**道路** 苗圃的道路包括主道、副道、步道。主道是贯通苗圃中央的主要道路，要求与大门和仓库相连接。副道与主道垂直设置。步道为小区之间的道路。道路的宽度可根据苗圃的大小和机械化的程度确定。一般中、小型苗圃主道宽 2～4 米，副道宽 1～2 米，步道宽 0.5～0.7 米。

（3）**排灌系统** 灌水系统包括水源、提水和引水设置。河、塘、水库、井都可以作为水源。水源最好位于苗圃的上方，如位置较低，应有提水设备。引水主要依靠渠道。苗圃渠道有主渠和支渠两种。主渠直接从水源引水，支渠再从主渠引水至生产区灌溉。渠道的宽道可根据具体情况确定。中、小苗圃一般主渠宽 0.8～1 米，支渠宽 0.4～0.6 米。

在地势较低、地下水位较高及降雨较多的地区，苗圃设置排水系统非常重要。做好了排水工作，才能防止雨季积水成灾引起病害。排水渠应根据地势沿道路一侧开设，既做到排水流畅，又不影响苗圃整齐美观。其宽度和深度可根据降水量和地形等条件确定，一般宽 0.5～1 米，深 0.3～1 米。

此外，在多风地区，为防止风沙侵袭，减轻地面蒸发和苗木蒸腾，并在冬季拦留积雪。可沿道路或渠道与主风垂直方向栽植 3～5 行防风林。为保护苗圃苗木安全生长，还应选择萌芽力强、生长较快、枝干具刺、根幅较小的树种，如皂荚、沙棘、侧柏、枸橘、沙枣等，在苗圃四周栽成绿篱，一般种植2行，栽后注意修剪，使之生长紧凑，高度最高不超过 2.5 米。

在苗圃区划时，要注意尽量减少非生产性用地的面积，并可因

地制宜地安排种植一些作物，以增加苗圃收入，提高辅助用地的利用率。

（三）整地和轮作

1. 整地　深耕细整育苗地是获得壮苗丰产的重要措施。整地可以改良土壤的结构和理化性质，提高土壤的透水性和蓄水保墒能力；增强土壤的通气性，有利于根系的呼吸；促进土壤中微生物的活动，加速土壤有机质的分解，提高土壤肥力。此外，整地还有消灭杂草、拌匀肥料和消灭病虫的作用。因此，土地经过深耕细整，可为苗木生长发育创造良好条件。

（1）浅耕灭茬　其目的是为了减少水分蒸发，消灭杂草和病虫害，减少耕地阻力，提高耕地质量。浅耕灭茬的时间和深度，应随耕作的目的、要求而定。深度一般为 4～7 厘米。如在生荒地、撂荒地或旧的采伐迹地上开辟苗圃，耕作深度应达 10～15 厘米。

（2）耕地　耕地是整地的主要环节。耕地深度对整地效果影响最大，耕地的深度应根据季节、土壤状况和育苗要求等因素确定。一般是秋耕要深，春耕要浅；移植苗及培育大苗宜深，播种苗宜浅；干旱的地方、黏重而瘠薄的土壤以及盐碱地，为了改良土壤，都应深耕；河滩沙地宜浅耕。具体来说，秋季可深耕 25～30 厘米，春季浅耕 8～10 厘米，培育大苗或插条繁殖区耕地深度应为 25～35 厘米。熟土层浅薄的圃地不宜一次耕得太深，可每年耕深 3～5 厘米，逐步加深耕作层，以免翻出生土，影响苗木生长。

耕地的次数要因地制宜，北方一般秋季深耕 1 次，春季育苗前再浅耕 1 次。秋季深耕后可不耙不耱，立茬过冬，以便积蓄雨雪，促进土壤风化。干旱和半干旱地区，冬季无积雪，为了保墒，耕后要及时耙耱平整，并进行镇压。风沙区为了防止风沙腐蚀，只在春季进行深耕。陕南土壤黏重，杂草又多，一般要三犁三耙，播种前还必须浅耕 1 次。

耕地时要掌握土壤的湿度。一般应在地表稍干、土壤潮润时进行。过干，耕犁不动；过湿，耕后又会形成坚实的土块，都会降低耕地质量。在风沙区和河滩地，注意不要在大风天耕地，以免细土被风刮走，降低土壤肥力。

（3）**耙地** 耙地是在耕地后进行的表土耕作工作。作用是疏松表土、灭除杂草和平整地面。耙地是否及时，对于保墒和做床的影响很大。耙地的具体时间决定于气候和土壤条件。在北方干旱无积雪地区，为了蓄水，秋耕后应及时耙耱；冬季有积雪地区，要立茬过冬，早春耙地。陕南土壤黏重，为了改良土壤，促使土壤风化，也应留待翌春耙地。在休闲地上，为了保水，常在雨后土壤湿度适宜时耙地。耙地要掌握好湿度，以犁起的土块表面稍现白色、用脚一踩即碎开时进行为宜。

对于山地育苗，为防止水土冲刷，整地时可采取以下措施。

①修筑水平梯田 坡地在15°以下时，应把圃地修成水平梯田。梯田宽度一般为1.5～2米，埂高0.3～0.8米。梯田筑成后要深耕、耙、耱，拣净杂草和石块。

②带状整地 在15°～20°的坡地上，可进行带状整地。即沿山坡等高线翻整成1～1.3米宽的带。清除带内的杂草和灌木，深耕细整。带间距离0.5～1米，长度根据地形确定。

③小块状整地 多用于地形破碎的山坡，块的大小可按地形灵活确定。

在老撂荒地或采伐迹地上新开辟育苗地时，要先清除灌木、杂草、树根，并拣净石块，于春季浅耕1次，待杂草发芽时再深翻1次，夏季锄几次草，秋季进行第二次深翻，然后耙平整，做床打垄，准备育苗。

生荒地开垦后，可先种植1次绿肥，或先休闲1年，使杂草彻底腐烂，有机质充分分解后再开始育苗。

（4）**做床筑垄** 为了浇水方便，或是培育幼苗期需要精细管理的树种时，圃地翻耕平整后，还应做床（打畦）。常用的苗床形式有高床和低床两种。高床的床面一般高于步道15～20厘米，床面宽 1～1.5 米，步道宽 30 厘米左右，长短可根据地形确定。这种苗床的好处：利于排水和侧面灌溉，提高土壤温度，促进土壤通气，增加肥土厚度，土壤不易发生板结，适用于容易积水和雨量较多的地方，我国南方多用这种床式。低床的床面比步道低 15～20 厘米，床面宽 1～1.5 米，步道宽 30 厘米左右。这种床式做床省土，浇水方便，北方采用较多。

进行旱地育苗或培育对管理技术要求不严的树种，如刺槐播种育苗或杨树插条育苗时，可采用大田式育苗。即用与农作物相似的大田作业方式育苗，不做苗床。大田式育苗方式又分为平作和垄作两种。平作是在整平的圃地上直接育苗，垄作是在平整后的土地上做垄，在垄上育苗。一般垄底宽 40～60 厘米，高 10～15 厘米，垄距 30 厘米左右。这种作业方式的优点是便于机械操作，苗圃通风透光良好。

2. 轮作　轮作也叫倒茬、换茬。就是在同一块地上，轮换种植不同树种的苗木或其他作物的栽培方法。轮作能充分地利用地力，预防和减轻某些病虫危害，抑制杂草滋生，增加土壤中的有机质，改良土壤结构，提高土壤肥力，因而有利于苗木生长。轮作的方法有以下 3 种。

（1）苗木与绿肥植物（或牧草）轮作　这种轮作方法虽然减少了实际育苗的土地面积，但生产的牧草是牲畜的饲料，绿肥是良好的肥料，而且改良土壤、恢复地力的效果显著。在土壤肥力较差的地区，如沙地苗圃和黄土高原地区的苗圃，可以采用这种轮作方法。

（2）苗木与农作物轮作　可与苗木轮作的农作物种类很多，如豆类、玉米、水稻等。这种轮作方法能兼收粮食，恢复地力，并抑制某些病虫危害。例如，苗木与水稻轮作，可以防除立枯病，消灭地下害虫和旱生杂草。但注意不要与蔬菜、马铃薯等作物轮作。

（3）不同树种的苗木轮作　即在同一块地上轮换培育不同树种的苗木。这种轮作方法在育苗树种上利用较多，为提高土地利用率时可以采用。其优点是全部土地都用于育苗，不减少育苗面积，而且由于各树种对土壤养分的要求不同，实行轮作可以避免培育同一树种所引起的某些养分特别缺乏的弊病。同时，不同树种发生的病种类也不同，实行轮作，能够抑制某些病虫的发展和危害。轮作时，可以选择对土壤肥力要求不同和无共同病虫害的乔、灌木树种进行安排，如油松与板栗、合欢、皂荚等树种与非豆科树种轮作；深根型树种和浅根型树种轮作；针叶树与阔叶树种轮作；播种区、移植区、无性繁殖区轮换安排。

（4）分区安排，轮换休闲 为了恢复地力，圃地也可分区安排，轮换休闲，休闲地可以种植绿肥、牧草或农作物。干旱地区，为了保蓄水分，也可完全休闲，不种植任何作物，但仍照常进行中耕除草等土壤管理，待1～2年地力恢复后，再继续育苗。实践证明，休闲是改良土壤，提高土壤肥力，增加土壤水分，减少病虫和杂草危害的一种有效方法。

3. 土壤改良 对一些酸性或碱性过重，以及沙性过强或过于黏重的土壤，必须先改良土壤，使之适合育苗。改良土壤的工作应结合整地进行。

（1）酸性土的改良 土壤酸性过高会影响有益细菌的活动，降低土壤的肥力，同时还会产生对植物有害的物质如铝离子，使苗木遭受损伤，所以必须改良。改良的方法有以下两种。

①施用石灰，以中和土壤的酸性 施用量要视酸性强弱决定，一般每公顷用量为4500～6000千克。施用石灰时，可与有机肥配合施用。

②增施有机肥料，以改良土壤结构 也可种植绿肥、牧草，以增加土壤中的有机质。

（2）盐碱土的改良 土壤中的盐碱含量过高时，会使土壤中溶液的浓度增大，以致苗木难以从土壤中吸收水分而枯萎死亡。同时，盐碱中的碳酸钠、碳酸氢钠是有毒物质，会直接对植物造成伤害，影响苗木生长，降低苗木的产量和质量，甚至使育苗失败。改

良的方法有以下3种。

①排灌　及时排除土壤中多余的水分，使土壤地下水位下降，以防止盐分上升，从而减轻盐碱化。平时要注意控制浇水量不能过大。

②人工洗碱　圃地中出现碱化地块时，可于秋冬气温低时，用含盐量低的水进行人工灌溉洗碱，用水量以淹没地面为度。洗碱后的水，必须挖沟排出，才有效果。

③深翻施肥　在盐碱地上耕作时，可逐年加深土层的翻耕深度，将下层含盐碱较少的土壤翻上来。深翻地要和排水措施结合起来，使下层的盐碱不至随水上升。同时，施用有机肥可以中和碱性，改良土壤结构，供给植物所需的养分，也是改良盐碱地的一项重要措施。

（3）沙、黏土的改良

①增施有机肥料　黏土施用有机肥料，可使土壤形成团粒结构，改善土壤通气、透水等物理性质；沙地施用有机肥料，可使土壤黏结，增强蓄水保肥能力。

②客土法　即在沙土中掺入黏土或在黏土中掺入沙土，以改良土壤，使土壤松紧适度。在北方靠近河流的沙地上，可以引泥水淤地，改善沙地土质。南方则可用河泥、塘泥改良沙质土壤。

③翻地　如沙地下层为质地较细的土壤，或黏重地的下层为质地较粗土壤，均可深耕翻土，使土壤混合。

二、壮苗培育

（一）苗木繁殖方法

植物生长发育到一定阶段就会开花结实，从旧个体产生新个体，以延续种族，就叫繁殖。繁殖通常分为有性繁殖和无性繁殖两大类。

1. 有性繁殖　有性繁殖是指通过生殖器官的授粉、受精的生殖作用形成种子，然后再用种子进行繁殖。所以，有性繁殖也称为实生繁殖或播种繁殖。传统的板栗产区大多采用有性繁殖。如辽宁、河北、山东、河南、福建、广东、江西、四川、湖南、广西、贵州、云南、湖北、安徽、陕西、江苏、浙江等省区。有性繁殖有以下几方面的优点：①方法简单、技术要求不高，短时期可以繁殖大量苗木。②植株寿命长，主干直，木材利用价值高。③可以作砧木和杂种苗。但同时存在着群体变异大，不易保持母株的优良特性，单株间差异大，进入结果期晚，产量低，品质不一致，经济效益低等缺点。

2. 无性繁殖 无性繁殖是指营养繁殖，也就是利用树木营养器官（根、茎、叶）的某一部分和母体分离（或不分离），通过人工辅助，进行繁育，培育成新个体。无性繁殖方法较多，在生产上常用的有嫁接和自根营养繁殖扦插。在板栗苗木生产中，由于扦插、压条、分株、组培等自根营养繁殖比较困难，所以一般采用嫁接繁殖。嫁接繁殖具有以下的优点：①接穗来源于遗传性状比较稳定的母树，嫁接苗木变异性小，能充分保持母本优良的性状。②能提早结果。嫁接苗比实生苗进入结果期早，板栗实生苗需5～7年或更长时间才开始结果，嫁接苗只需2～3年即可结果。③能调节树势，适于矮、密、早丰产栽培。④高接换种，以更新品种和改造低产栗园。

（二）实生苗的培育

1. 实生苗的建园方式 利用板栗种子播种培育成的苗木，称为实生苗。这种方法简便易行，且在短时间内能培育出大量的苗木，苗木根系发达，生长健壮，寿命长，适应力强。因此，实生繁殖在当前板栗产区生产发展中仍占有较大的地位，即使有嫁接习惯的产区，也离不开实生苗建园。

目前，全国各栗产区建园主要有以下几种方式：①先定植实生苗，在苗干达到2～3厘米时进行嫁接。②利用自然实生树或野生板栗进行嫁接改良品种，也称为“野生园改造”。③在 20 世纪 70 年代采用直接建园方法，这种方法也取得了成功。④嫁接苗建园。近年来，随着板栗生产集约化发展，新建板栗园以优良板栗品种为基础，高标准、大面积定植。科学化管理等技术措施使板栗生产飞速发展。繁殖嫁接苗成为今后苗木繁育发展的最佳途径，但首先应进行的是实生苗木繁育。

2. 种栗选择　种用栗在采收时要进行选择。一般要选择丰产、稳产、结果早、成熟期一致、抗逆性强、生长健壮的盛果期优良单株。采种时要待栗苞转黄并多数呈现开裂时采收。采收不宜过早，过早在贮藏期间容易引起腐烂而丧失生活力。挑选充实、饱满、整齐、无碰伤、无病虫害的栗实作种用。选择好的种子必须进行妥善贮藏。

3. 种子贮藏

（1）种子休眠　板栗种子成熟后立即播种，即使在适宜的条件下也不能萌发，这种特性就是休眠。种子的休眠特性是植物一种重要的适应现象，是保持物种不断发展和进化的生态特性。通常板栗种子休眠期为 2～3 个月。研究表明，不同地区及品种间在贮藏期和贮藏当中种子萌发率不同。南方板栗品种群在 0～5℃的低温下，贮藏 1 个月后，40%以上的种子萌发；而北方板栗则萌发率很低，种子一般需 2～3 个月后方可萌发。

板栗休眠与栗果种皮、果皮和果仁内脱落酸含量有关。人为除去果皮和种皮，种子在 1 周内就可以全部萌发。休眠后的种子，其脱落酸含量显著降低。采用 3%硫脲处理板栗种子，可解除其休眠，无须经过休眠，可直接用于生产。

（2）影响种子贮藏的因素　板栗果实虽为“干果”，但贮藏期间常因条件不当引起大量的腐烂损失。总结起来，主要有以下几个方面的原因。

①病菌寄生　它是引起腐烂的直接原因。任何影响坚果本身抵抗力而有利于病菌滋生的条件，都可造成贮藏期间的腐烂损失。青

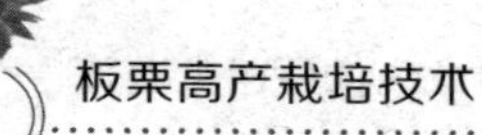

霉菌、镰刀菌、裂褶菌、木霉菌、毛孢菌、红粉霉菌、黄曲霉、黑风霉等多种病菌是危害新鲜坚果和贮藏期坚果的主要病菌。

②品种不同贮藏性有着显著差异　早熟栗和南方栗品种较晚熟品种和北方栗品种易腐烂。

③采收不当　“采青”的栗子较难贮藏，腐烂率多在10%～50%。阴雨天采收的栗子，也容易腐烂。

④虫害　虫果容易腐烂，贮藏期间也容易引起其他栗子腐烂。

⑤处理不当　栗苞采收后，堆积不当，容易发热，导致腐烂。

⑥贮藏材料和方法不当　贮藏材料和方法不当造成坚果发热、受冻或大量失水，造成腐烂损失。

（3）板栗种子贮藏前处理

①杀虫处理　对没有进行杀虫处理的种栗，在贮藏前应进行杀虫处理，可采用熏蒸的处理方法。

熏蒸灭虫，一般根据种栗的数量，在密闭的容器或熏蒸库房进行，常用的药剂有二硫化碳和磷化铝等。使用二硫化碳熏蒸时，每立方米用药40～50克，熏蒸时间一般为18～24小时。由于二硫化碳气体较空气重，药剂使用时应放在栗果的上方。这种方法时间长，容易引起栗实温度升高，当温度超过25℃时，则易变质。使用磷化铝熏蒸时，栗苞用药21克/米^3，坚果用药18克/米^3，熏蒸时间为24小时。磷化铝为高毒药品，使用时须注意安全。

②散热预贮　板栗大部分品种成熟期在9月中旬以前。此时气温较高，从栗苞中脱离出来的栗果还有一定的湿度和温度，需要在自然状态下摊开吹风，降低栗果温度和湿度，群众俗称为“发汗”。经过“发汗”，栗果的呼吸强度与温、湿度都会降低，一般“发汗”2～3天即可进行贮藏。

（4）种栗贮藏　栗果怕热、怕干、怕冻、怕水，所以栗果并不比水果耐贮藏。贮藏不好容易造成栗果腐烂损失。目前，贮藏方法主要有以下几种。

①沙藏法　沙藏是栗产区最常用的贮藏方法，该方法分为堆

藏、窖藏与沟藏等。

南方多采用室内湿沙贮藏，在室内地板上铺一层秸秆或稻草，然后再铺一层5～6厘米厚沙，沙的湿度以手捏成团、放下去不能散开为宜（沙中含水量约为6%～8%）。沙层上堆放栗果，一层栗果一层沙，每层厚3～6厘米，堆高至50～60厘米，宽1米，长度不限，最上面用稻草覆盖。每隔20天左右检查1次，注意保持沙的湿度。有的地方用锯木屑、谷糠、苔藓等其他填充物进行保湿。湿沙室内贮藏还可用缸、水桶等容器来贮藏。

北方栗产区基本上是在室外挖沟贮藏。选择排水良好的地方，挖成1～1.5米宽，深、长度依种栗量的多少而定。先在沟底铺10厘米厚的湿沙，栗果可与湿沙按1∶3的比例混合拌匀后放入沟内；或一层沙一层栗果，填到离地面20厘米为宜。其上培土，盖土厚度随气温下降依次加盖。为了避免发热造成板栗霉烂，可用秸秆等绑成直径10厘米的秸秆束，每隔1米左右插一束，以便通风换气。

②带苞沙藏　在阴凉通风的室内，地面先铺10厘米厚的湿沙，堆上栗苞，高度1～1.3米，每15～20天翻动1次。保持上下湿度均匀。受热或干燥时要洒水保湿降温，待农闲时脱壳。用此法贮藏96天后，色泽新鲜，霉烂率仅2%。可以缓解栗收时与秋收秋播的劳力矛盾。

③冷藏法　目前，有冷库贮藏和土窑洞加机械制冷贮藏。冷库贮藏较为先进。一般在种栗入库前要用内衬浸湿麻袋的双麻袋或内衬打孔塑料袋的包装方法，以确保在低温时的湿度。也可用保鲜聚乙烯塑膜袋盛入种栗（不扎口），置于冷库或土窑洞简易冷库贮藏。

4. 圃地准备与播种　苗圃地应选择地势平坦、土层深厚、土壤肥沃、质地疏松的砂质壤土，土壤pH值6.5～7，且靠近水源的地方。黏重土，或排水不良，寒流易汇集，集水洼地等忌作苗圃地。其中，山地苗圃宜在半阳坡，坡度较缓的坡地应进行水平耕作或修筑水平梯地等保持水土工程，以利蓄水保墒。

圃地选好后，细致整地，深翻施肥，以农家肥为主，然后整平做畦。畦面宽 1～1.2 米，畦内撒施 0.1%的辛硫磷粉剂防治地下害虫，然后浇水备播。

播种时期分为秋播和春播。秋播无须贮藏种子，可利用秋后空闲时间播种，一般在秋末冬初气温降至 5～10℃时进行。秋播不易管理，出苗率较低，且易遭鼠害。春播适宜时期，北方多在 3 月份进行，南方在 2 月中下旬至 4 月上中旬均可。

播前须对种子进行催芽处理。经过冬季沙藏的种子本身就有催芽作用。冷藏的种子必须催芽，方法是在苗圃地附近温暖向阳处挖东西向半地下式的畦，畦深 30～40 厘米，宽 70～80 厘米，长度依种量而定。播前 5～7 天将种子从库中移入阳畦，以 25 厘米左右厚均匀摊积，上覆塑料膜增温，使温度达到 20～25℃，夜间覆草苫保温，3～5 天后，每隔几天拣出发芽的种子播种。

播前 2～3 天浇水，每畦开沟 4 条，将经过催芽处理的发芽种子平放沟内，株距 15 厘米左右，且不可使底座向上或向下，也可剪去 1 厘米长的根尖。播后覆 2～3 厘米厚的土。

春季直播建园也要采用催芽、断根的方法，每穴 3 粒，穴距 10 厘米呈三角形。

一般播种按株行距 15 厘米× 30 厘米，每 667 米 ^{2} 播种量 70 千克，出苗率按 70%，可出苗 1 万株左右。

5. 苗期管理 播后 10～15 天幼苗即可出土。由于出土迟，前期生长比较缓慢，必须加强苗期管理。

板栗幼苗不抗旱、不耐涝，必须注意水分管理。前期 6 月下旬（进入雨季前）要视墒情浇水 2～3 次。浇后及时松土保墒，防止土壤板结。后期 8～9 月份视墒情浇水。若遇秋旱应及时浇水。雨季要及时排水，防止圃地积水。

一般来说，幼苗生长到5月上旬，种子储藏的养分已消耗殆尽。为了加速苗木生长，必须及时追肥。在 5 月下旬、6 月中旬、8 月上旬各追肥 1 次。每 667 米 ^{2} 施速效化肥 5～10 千克，施肥可结合

浇水同时进行。苗期要进行多次中耕，疏松土壤、除草、保墒。苗期害虫主要有蛴螬、金针虫、金龟子、舟形毛虫、刺蛾幼虫等，病害主要有立枯病、白粉病等，要及时防治。

冬季防寒与平茬：北方有些地区冬季严寒幼苗易受冻害。群众常将1年生幼苗自地面剪截，并培土防寒。也可对当年苗木茎干基部粗度在0.6厘米以下、高度在60厘米以下的作标准弱小苗就地面平茬，以促进第二年的生长。试验证明，平茬的苗木翌年生长量超过未平茬的苗木。

（三）嫁接苗的培育

使用嫁接苗计划定植是近年来板栗建园的主要方向。因此，培育嫁接苗愈来愈重要。

1. 接穗的选择和贮藏 接穗是决定嫁接成活率高低的重要因素之一，因此要严格挑选。首先要选择优良的品种，接穗采集的植株要树势健壮、无病虫、生长和结果良好的成龄树，最好在采穗圃采集。接穗应采枝条健壮、节间短充实饱满且充分成熟的1年生新梢，避免使用多年生枝条或徒长枝，萌动的枝条也不宜作接穗用。

接穗采集时间可从秋季落叶后到翌年春季芽萌动前进行。以芽萌动前1个月采集为最好，采后的接穗应用湿沙埋藏或立即蜡封，也可用湿布包好，临时贮存在冰柜或冷库中。蜡封接穗是一种有效的接穗保湿方法，目前各栗产区都广泛利用，具体方法如下：①把采集好的接穗依品种截成10～15厘米的小段，每段的上半部分必须有5个以上的饱满芽。②把石蜡放进铁锅或铝盒内，最好为水浴式夹层锅，并放进适当的水，约石蜡容积的1/3，把容器内的石蜡熔化。③当水温度为100℃，将剪好的接穗用手持一端，另一端迅速地在石蜡液内蘸一下，倒过来蘸另一端，操作过程中接穗在石蜡中不能超过1秒钟，否则会影响成活率。要求接穗中间蜡层稍有重叠，不留未蘸蜡的空间。蜡封的接穗按品种做好标记，打成50或100根的捆，放进冷凉、潮湿的地窖中存放，地面要铺湿沙，接穗

放上后用塑料膜覆盖，存放后密封地窖口或将接穗装入塑料袋，袋内装入湿锯末，把袋放进 2～5℃、空气相对湿度 90%的冷库贮藏。

2. 苗木嫁接

（1）**嫁接时期** 嫁接时期因各地气候而异。春季嫁接以芽萌动到展叶前这一段时间为佳。这时气温较高，温度一般在 15～25℃，树液开始流动，树皮易剥离，嫁接成活率高。嫁接时期不宜过早，过早温度低，愈伤组织不易产生，接穗组织内部水分大量蒸发，生命力降低，影响成活率。嫁接时期也不宜过晚，否则砧木已发育生长，营养物质被消耗，成活后生长势弱。

秋季嫁接在 8～10 月份进行。此时以芽接和腹接为主。这种方法多在长江流域进行。秋季嫁接穗最好随接随采。

（2）**嫁接方法** 板栗枝条有 5 个棱，木质化程度高，硬度大。嫁接多采用枝接，芽接采用带木质部芽接。常用的嫁接方法主要有以下几种。

①切接 砧木在距地面 10 厘米左右处剪断，用嫁接刀在平滑的一侧断面下自外向内削成一个短斜面，并削平剪口处。然后短斜面自上向下直切一刀，长约 2.5 厘米，深达木质部。接穗剪成长 5～6 厘米，带有 2 个芽。在下部芽的一侧缓缓地斜削一刀，比砧木面略长。再在芽的背面短短斜削一刀，随后把接穗插入砧木切口，使两者形成层对准（至少有一侧对准），用塑料条扎紧，并包裹切口，上套小塑料袋以保持接穗的湿度（图 4–1）。

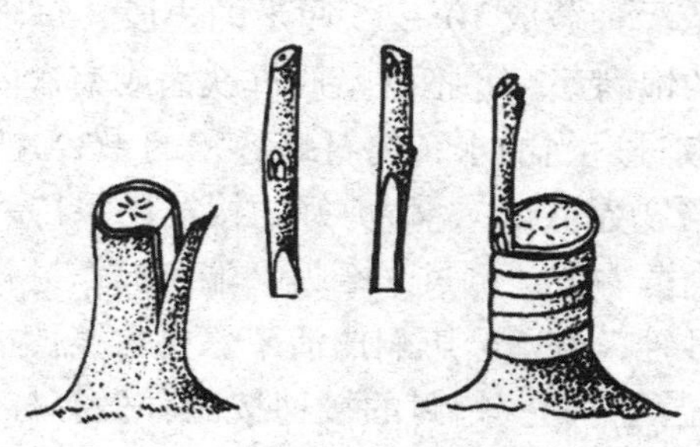

图 4–1 切接示意图

②插皮接　在接穗下段削一个长为 4～5 厘米的马耳斜面。在入刀处要陡一些，刀深达木髓部后再较平直地向前斜削下去，背面、头部削尖。砧木从嫁接部位剪断，断面削平。选择比较光滑的一侧，用刀从截断面向下刻画，刻画长度与接穗面相当，深度达木质部。把接穗插入砧木形成层内，上端“留白”：长约 0.3 厘米。接穗的削面与砧木的木质部相互贴紧，接穗的背面与砧木树皮内侧贴紧，用塑料条将接口部位绑紧、封严，不能留丝毫“风口”（图 4–2）。

③合接法　将砧木近地面 10 厘米左右处剪断，然后削成一个斜面。选择与砧木粗度相当的接穗，把接穗下端也削成斜面，斜面的角度、长度与砧木一致。把接穗的斜面与砧木的紧贴在一起，然后用塑料条把接口部位绑紧不留“风口”（图 4–3）。

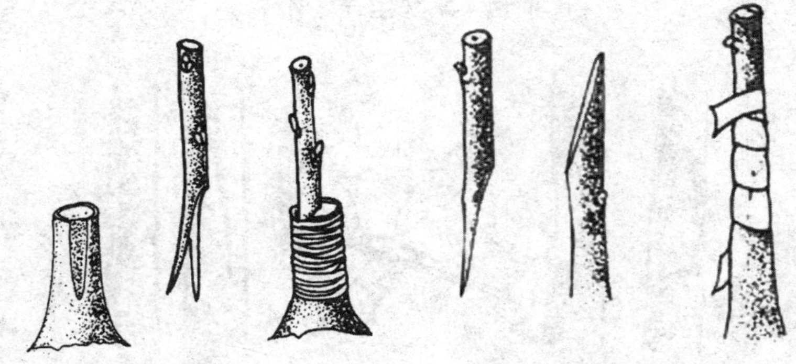

图 4–2　插皮接示意图　　　　图 4–3　合接示意图

④劈接　在砧木与接穗树皮处不易剥离时可用此方法。将接穗下端削成长 3 厘米的楔形，在入刀处要陡一些。把砧木剪断，削光剪口，用劈接刀在砧木的中间垂直劈开，深度达 3 厘米。把接穗插入，使两者形成层对准，上端留白 0.5 厘米，用塑料条把接口部位绑扎紧，不留“风口”（图 4–4）。

⑤带木质部芽接　这是一种倒盾形带木质部的单芽嫁接法。节省接穗、成活率高，苗木生长势旺。削接芽时，先在芽的下方约 1 厘米处斜切一刀，深入木质部，再从芽的上方 1.5 厘米处向下斜竖

削一刀，也深入木质部，使刀口相交，取下一个大小相似的木质片，然后把芽片嵌入砧木上的切口中，对准形成层（至少一边对准），绑扎结实（图 4–5）。春季芽接时要露芽，秋季嫁接可不露芽。

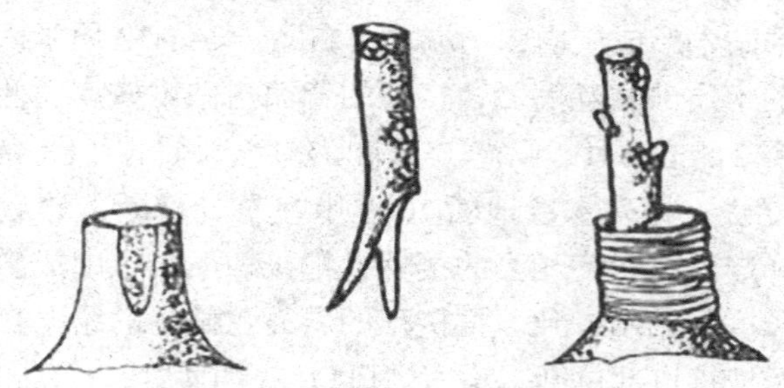

图 4–4 劈接示意图

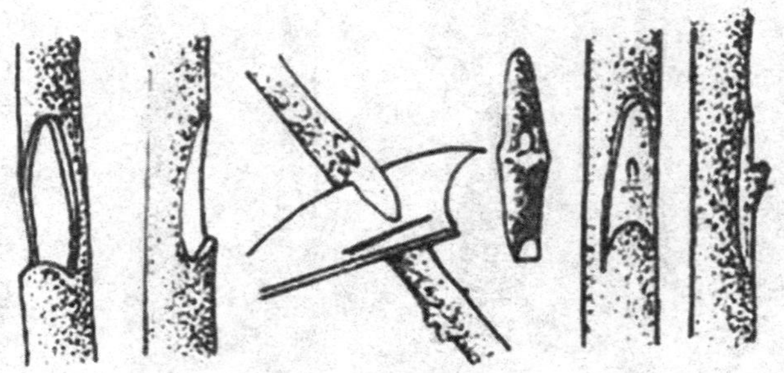

图 4–5 带木质部芽接示意图

3. 嫁接后管理 苗木嫁接后，为确保接芽成活并培育成壮苗，必须加强嫁接后的管理工作。

①除萌蘖 嫁接后砧木萌蘖发生量很大，必须及时疏除。

②补接 在判断出接穗未能成活后，应及时在原接口以下剪砧补接。

③设立支柱 接穗萌发的新梢在完全木质化前，接穗与砧木未完全愈合，很容易遭风折，必须绑支柱防风。在新梢生长至 30 厘米左右时，要及时设立支柱，把支柱竖绑在砧木上，然后将新梢用

绳系在支柱上，支柱长 80～100 厘米。

④剪砧　芽接成活的苗木，适时剪砧。秋季芽接的在翌年春季树液流动时剪砧较为适宜，剪口宜在接芽上方 0.5 厘米左右。剪砧后要及时除去砧木上长出的萌蘖，以免影响接芽生长。

⑤解绑　芽接在嫁接 2 周内检查成活率，4～5 周解除绑扎物。枝接解绑可推迟到接后新梢长到 10 厘米进行。

4. 苗木出圃　板栗苗出圃时间一般在落叶后到翌年萌芽前均可。最好苗木出圃时间与果园定植期一致，秋季定植，秋季出圃；春季定植，春季出圃。冬季必须出圃而又不能及时定植的苗木应挖沟假植。起苗前应浇 1 次透水，这样不易伤根，对有伤口的根要进行修剪，剪口要平滑。

出圃的苗木必须合乎规格，品种纯正，生长健壮，发育充实，有一定的高度和粗度，芽饱满，根系发达，须根较多，无病虫害和机械损伤，嫁接部位愈合良好。一般出圃苗要求达到一级和二级标准。一级苗标准见表 4–1。

表 4–1　一级苗标准

项　目	规格要求
根	侧根 5 条以上，长 20 厘米以上，根径 0.6 厘米以上
茎	接口直径处在 1 厘米以上，高 0.8～1 米
芽	顶芽全部充实饱满
接　口	愈合良好

苗木分级要严格按照苗木规格要求。对细弱、病害、根系受到过度损伤或过小的苗木应除掉。

苗木在调运过程中，无论长途或短途，都要妥善包装。包装材料有麻袋、蒲包、编织袋等，要包裹根部，包装前最好蘸泥浆，并填充湿锯末保湿。运输苗木要强调一个“快”字，应尽量减少中间环节。

第五章 标准化建园

一、园地选择

（一）土壤条件

板栗对土壤的要求不甚严格，除极端沙土和黏土外，均能生长。但以花岗岩、片麻岩等风化的砾质土、沙壤土为最好。板栗在黏重土上生长结实都较差。若土层深厚、湿润且排水良好，有机质含量高，则生长健壮，丰产、长寿；若土层薄，则根系分布浅，不耐旱，养分吸收少，生长缓慢；若土壤中有机质含量低，则菌根繁殖慢，营养吸收少，生长缓慢。板栗丰产园要求土壤有机质超过1.2%。

板栗对土壤的酸碱度极为敏感，适宜微酸性土壤，以pH值4.6～7.5为宜。pH值超过7.5时，则生长不良。板栗在盐碱土上不能生长，若含盐量超过0.2%，则不宜种植。

板栗适于酸性土壤的原因，主要是在酸性环境条件下能满足其对锰和钙的要求。板栗为多锰植物，栗叶中锰含量为0.353%，居各种果树之首。在土壤pH值为5～6时，叶中锰为0.2%，生长发育最好；pH值为6.6以上，叶中锰含量为0.12%，栗树生长发育不能耐受，叶片呈黄色缺锰状。pH值升高，则板栗对锰的吸收受到影响。板栗又是喜钙植物，土壤中钙含量在60～100毫克/克，板栗

能正常生长，但钙含量超过 120 毫克 / 克时，pH 值升高，板栗则表现为生长发育不良。北方地区栗树多分布在基岩为花岗岩、片麻岩与砂岩的土壤，这种土壤多呈微酸性。而这些地区石灰岩风化形成的碱性土壤则很少有板栗分布。南方地区板栗则栽植于石灰岩发育的土壤上，主要是土壤经过充分淋溶，土壤中的碳酸钙流失，钙离子减少，呈不饱和态盐基，土壤呈酸性。

（二）气候条件

板栗对气候条件要求不甚严格，在平均气温 8～22℃，绝对最高气温 39.1℃，绝对最低气温 –25℃，年降水量 500～1 500 毫米的气候条件下都可生长。以年平均气温 10.14℃，4～10 月份气温为 16～20℃，年降水量 600～1 400 毫米的地方生长最好。年平均气温 8℃以下，绝对最低气温在 –30℃以下的地方，幼树和新梢常受冻害。雨量过多，妨碍受精，结实率低或是苞皮开裂。果实发育期过于干旱，容易产生“空苞”。

板栗是一种喜光树种，忌荫蔽。每日光照不足 6 小时的栗树，则树冠生长直立，叶薄枝细，产量低。花期由于光照不足，易引起生理落果。成片郁闭的栗园，往往只有边缘的植株生长结果好而内部差就是光照不足引起的。

板栗为风媒型授粉，花期需微风而要求无风害。

（三）地形地势

我国板栗的垂直分布，从海拔 50 米的沿海平原到海拔 2 800 米的云南省维西傈傈族自治县，均有栗树分布。板栗的经济栽培区因气候带和地形的不同而不同。如河北省多分布于海拔 300～400 米的山沟地，河南省一般在海拔 900 米以下，陕西省秦巴山地最高可达 1 600 米，经济栽培区一般在海拔 400～2 000 米，云南省维西傈傈族自治县海拔 2 500 米有经济栽培区，在秦岭巴山山地海拔 800 米以下宜栽植在半阳坡，海拔 800～1 200 米之间宜栽植在阳坡。

板栗栽培坡度一般在25°以下为好，以阳坡、半阳坡栽植为宜。阴坡栽植一定要求坡度小，土层厚，海拔低。

（四）交通条件

板栗虽为干果，但栗子怕热、怕干、怕水、怕冻，在贮藏和运输中容易产生腐烂，所以在选择园址的同时应考虑交通条件是否便利。

二、园地规划

园地选定以后，要根据地形、地势、地貌划分出小区，安排好防护林、水土保持与土壤改良工程、灌排水工程、作业区道路、堆选果场地等综合规划。要根据栽培方式集约栽培、栗粮间作等；安排好品种和栽植密度。

（一）生产小区的划分

为了便于栗园的发展和管理，将栗园划分为若干个生产小区。小区的大小一般根据地形地势、专业户承包情况划分。一般小区以3 335～10 005 米^2（5～15 亩）为宜。划分小区时不要跨过分水岭或大的河沟，小区以长方形为好，长也与等高线平行，可与道路排水沟、防护林相结合。

（二）道路系统的规划

栗园建立后，要进行肥料、果实运送等多项田间管理工作，因此在栗园规划时，要搞好道路规划。栗园的道路系统由干线、支小线和小路组成。干线连接各支线并与公路相连接，路宽以能通过卡车为准。支线是栗园主要作业道路，沿等高线修筑，路宽能通过小型拖拉机即可。小路是小区的分界线，路宽 1.5～2 米。

（三）防护林的建立

栗园营建防护林的主要用途是防风。一般山区栗园不设防风林，在平原河滩地栗园设立防风林。防风林应设在迎风面与当地的主要风向垂直。防护林带一般栽植5～8行，采用乔木和灌木混栽。防护林的树种应根据当地的立地条件，选择生长速度快、经济价值高、寿命长、尽量不招引栗树病虫害的树种。

（四）水利设施建设

栗园多建在山地或滩地上，一定要设计排灌设施。有水源的果园，应设计抽水蓄水灌溉体系。无水源的丘陵山地果园，应在山顶设立蓄水池或蓄水坑。山地栗园的灌水沟和排水沟可一沟两用，且应设在梯田内侧。排灌系统要和小区的形状、方向及道路系统相配合。

（五）辅助设施

现代栗园一般面积较大，在建园时要修建必要的仓库、办公用的房屋等设施，且应选择在交通方便、便于管理、水源充足的地方。同时，应每33 350米^2（50亩）左右修建1个配药池。

三、整　地

板栗园在建立前，先对未经耕作的荒山、丘陵进行林地清理和土壤挖垦（整地）。造林整地可改善土壤的水分、养分和通气条件，也可影响近地表层的温热状况，提高造林成活率，促进板栗的生长发育，保持水土。

林地清理通常用火烧法。在夏、秋、冬季先将杂灌砍倒，铺开晒干，然后用火烧（俗称炼山），再进行挖垦。挖垦后可先种农作物，收获后进行整地。整地分为全面整地和局部整地。全面整地就是将准备栽种的林地，全部挖垦。这种方法仅适于坡度较小、立地

条件中等、肥厚湿润类型地块，以及在林地内间作农作物习惯的地区使用。局部整地则根据造林地的自然条件，针对适宜造林的局部地块进行挖垦，以保持水土。整地有梯地、带状和块状三种整地方法。

（一）梯地整地

梯地整地（水平阶）一般在坡度25°以下地段进行，又分为等高撩壕（抽大槽）和梯田整地两种。

1. 等高撩壕 此法适于坡度较小的地段。在规划好后，从下向上沿等高线挖壕（抽槽）。壕的规格：宽1～1.3米，深0.8～1米。壕与壕之距离等同于行距。挖土时将表土和心土分开放置，表土填于壕面，心土堆放在外沿，用作梯埂。梯埂要高出梯面40厘米，埂宽30厘米。壕挖好后将第一条壕与第二条壕的表土，填放在壕沟底，底部还可施入适量的作物秸秆或杂草，也可施农家肥，然后用表土回填。埂内栽植板栗，梯面一般水平或外高内低，利于蓄水，最低处修竹节沟或挖沉淤坑兼蓄水、排水和沉积泥土。

2. 修筑梯田 在取石比较方便的条件下沿着等高线应修筑石坎梯田，梯田的宽度视自然条件而定。梯田修筑的重点是修筑牢固的坝墙。墙高宽比为2∶1，要高出梯田表层20厘米。在取石困难的地方可修筑土坎，土坎要求有较大的倾斜度，以便种草护坡。梯田内表层要整平，外高内低，内侧设有竹节沟或挖沉淤坑。

（二）带状整地

在坡度25°以上的山地或丘陵，不宜采用梯地整地，这时应采用带状整地（隔坡梯地整地）。方法是按一定宽度放等高线开垦，带与带之间的坡面不开垦，留生土带。其他方法同撩壕整地。

（三）块状整地

在坡度大、地形破碎的山地或沟谷地营建板栗林，可采用块状整地。块状整地是按照种植点的位置在其周围翻松一部分土壤

以利于栽植成活。块状整地主要包括修鱼鳞坑和修树坪以及垒谷坊（石坎）。

1. 鱼鳞坑和修树坪　该方法适用于坡度在25°以上的山坡地。

（1）鱼鳞坑　在与山坡水流方向垂直环山挖半圆形植树坑，使坑与坑按规划交错排列成鱼鳞状。坑的外沿培一个高出地面的弧形埂，埂高50厘米，底宽40厘米。坑长1米，宽50厘米。由坑外取表土回填至坑面水平，然后定植。

（2）修树坪　是在鱼鳞坑的基础上进行。当栗树长大后，把鱼鳞坑扩大修成树坪。一般呈半圆形，半径1～1.5米，周围砌石块，坪面要求外高内低，内侧两端要留排水口。

2. 垒谷坊　山区沟壑及谷地，土层较厚、肥沃，但雨季山水集中容易冲蚀。可在沟谷内自上而下隔5～10米筑一石坝，叫谷坊。坝内修成梯田，留排水道。栗树要栽在离排水道较远的地方。

平地或河滩地建立栗园时，首先要进行土地平整，含沙砾较多或土比较黏重时要进行客土或客沙改造，改造时并施有机肥，一次客土或客沙的厚度不超过20厘米，并且要与原土混合。其次要做好排水工作，不注意排水容易引起栗树烂根，导致死亡。最后要种植好防护林。在山地丘陵地区，水源少，灌溉条件差。特别是西北和华北的山地丘陵，一般干旱、无水源、无灌溉条件，细致、适时整地是建立栗园的首要因素。整地可疏松和加厚活土层，提高拦蓄水的能力，增加土壤养分和水分，所以整地应在雨季之前进行或在上一年进行。

在水源充足、灌溉条件好的地区，整地和栽植可同季进行。

四、苗木栽植

（一）品种选择与授粉树搭配

我国板栗地方品种（类型）资源丰富，据统计有300个以上。

在建园时一定要进行品种选择。品种选择的标准是：①商品性状好，市场需求量大。②结果性状好，早实、丰产。③适合当地的立地条件。板栗是外贸产品，我国板栗大部分出口日本及东南亚地区，商品性状应符合外贸出口标准，要求栗实大小整齐、饱满、有光泽，每千克 90～190 粒（一级每千克 90～110 粒）。选择主栽品种首先要考虑栗实的单粒重；其次栗实要有光泽，光泽差的品种最好不采用；最后要求品质优良。炒食用栗果肉香甜，总糖含量占干重 20% 以上，糯性强。

在考虑商品性的同时，要选择结果性好、丰产性好的品种，也要兼顾适应性，随着立地条件的不同，要选择不同的优良品种。例如，城镇附近应注意早熟品种；交通不便的山区，果实的耐贮性是重要的指标；板栗分布北缘地带及高海拔处栽植时要选择抗寒的品种；加工业较发达的地区要选择果肉表面沟纹浅、涩皮容易剥离的品种。

板栗是异花授粉的树种。自花授粉常导致不结实或结实率极低。同株异花授粉，结实率在 4.5% 左右。混合花粉授粉，结实率在 63%～82%，适宜的授粉组合或人工授粉，结实率可达到 90%。板栗形成雌花数量少，若不能保证良好的授粉，则产量很难提高。建立栗园时，一定要搞好授粉树的配置。栗树有花粉直感现象，在选择授粉树时要注意。栗树为风媒花，但花粉容易结球，且遇水膨胀，实际飞翔距离只有 20～30 米。集约化栽培的栗树树体矮小，花粉传播的距离就更近一些。授粉株间距离不宜大于 20 米。在授粉树配置方式上，栗园小时，配置 1～2 个授粉品种，确定 1 个主栽品种，比例为 8∶1 至 10∶1。大面积建园时宜采用 3～5 个品种均为主栽品种，互为授粉树。

（二）栽植时期

栽植一般在春季和秋季进行。春季栽植宜在土壤解冻后至发芽前进行，一般应在萌芽前 20 天进行。在冬季气候严寒地区应春季

栽植。秋季栽植一般在落叶后至土壤封冻前进行，最迟应在土壤封冻前 20 天。秋季栽植根系恢复时期长，到春季萌芽时多数植株可发生新根，成活率高，植株生长势强。在冬季寒冷、降水少的干旱地区，应在土壤上冻前，将新植栗树培土防寒保湿，翌发芽前扒土扶直。

（三）栽植密度

板栗栽植密度直接影响着群体对光能、空间的利用，影响着产量的高低和经济效益的好坏。合理密植在板栗建园时要慎重考虑。板栗园的栽植密度受品种生物学特性、立地条件、气候因素、栽培管理技术等因素的影响，各因素之间又相互关联、相互制约。

1. 品种生物学、生态学特性与栽植密度的关系　每一板栗植株应占土地的营养面积，不能小于它自身的树冠投影。品种不同，冠幅差异明显，栽植时冠幅大的栽植少，冠幅小的栽植植株多。

2. 立地条件类型的差异与栽植密度的关系　气候、土壤、地势等立地条件对板栗的生长发育影响较大。立地条件好、肥力高、土层深厚、水分条件好、坡度平缓的栗园栽植密度宜稀，每 667 米 ^{2} 种植 27～56 株（4 米 × 6 米或 4 米 × 3 米）；立地条件差，干旱、瘠薄，栽植密度宜大，每 667 米 ^{2} 种植 56～74 株（3 米 × 4 米或 3 米 × 3 米）。

3. 栽培管理技术和栽植密度的关系　集约化经营的栗园，管理技术较高，栽植时可适当密植，成龄后通过修剪等措施限制树冠扩展，避免树冠郁闭。粗放经营、管理技术水平较低的栗园，栽植密度不宜过大，但也不宜过小，否则难以形成生产规模。

4. 计划密植　有条件的地方采用计划密植的方法来建园。所谓计划密植，是指增加栽植株数以获得较高的早期产量，其后随树冠扩展逐次回缩、间伐、保持适宜密度和较高产量的栽培方式。计划密植一般设有永久株和临时株，临时株为永久株的 2～4 倍，随着树体的扩大，逐步回缩、间伐临时植株，最终达到永久栽植的株

数。计划密植的株数一般不超过 160 株。

（四）栽植方法

在栽植前挖好定植穴，并在穴底放入树叶、杂草及有机肥，然后用表土回填。栽植时选用根系完整的壮苗。一手提苗，并使根系舒展，将苗栽置于坑的中央，用土填埋，填至一半时将苗木向上略提，使根系舒展后用脚踏实。栽前要先剪去受伤的根系和过长的根系。定植后立即浇足定根水，定干（40～60 厘米）、覆膜或覆草保墒。

秋季定植定干后树干周围应培 20～30 厘米高的土堆，以防冻害和抽干，翌春萌芽前将土堆扒开，覆膜。

五、栽后管理

第一，埋土防寒。在我国北方埋土防寒是冬季严寒、干旱多风地区经常采用的防止冻害和抽条，提高栽植成活率的重要技术措施。具体方法是在土壤上冻前，在苗木根颈部北侧培一隆起的小土丘，然后将栗苗向土丘北侧逐渐压倒，要防止苗木拆裂，用土将苗木全部埋上，埋土厚度以不露苗木即可，然后轻轻地镇压。翌年春季土壤解冻后至萌芽前，再将苗木挖出扶直。

第二，及时定干。苗木栽后第二年，选择适当部位重剪定干，干高约等于苗木高度的 1/2。剪口用漆涂上或用地膜包上。

第三，土壤管理。幼苗成活后，依据土壤墒情，若有浇灌条件在春季应浇水 1 次，若没有浇灌条件，就要采用保墒技术，减少土壤水分蒸发量。同时，在苗木周围经常松土除草，在雨季施 1 次速效肥，加强病虫害防治。

第四，合理间作。留出 1.5 米 ^{2} 的树盘，其余空地可间种花生或绿豆等豆科作物，严禁间种影响光照的高秆作物和需水时期与板栗生长发生矛盾的蔬菜。

第六章 土肥水标准化管理

栗园建立后，应及时进行抚育管理，创造优越的环境条件，满足树体对水、肥、气、热（光）的需求，保证板栗正常的生长发育，达到早实、丰产、稳定、优质的目的。

一、土壤管理

土壤管理是一项经常性的管理措施，其主要任务就是为根系生长创造一个良好的土壤环境，扩大根系集中分布层，增加根系的数量，提高根系的活力，为地上部分生长结果提供足够的养分和水分。土壤管理的好坏，直接影响到土壤的水、气、热状况和土壤微生物的活动，对提高土壤肥力、促进板栗生长发育和开花结果有直接影响。因此，必须通过经常性的土壤管理，使果园保持永久疏松肥沃，使水、气、热有一个协调而稳定的环境。板栗园的土壤管理主要包括土壤深翻扩穴、中耕除草、果园间作、覆盖保墒等管理措施。

（一）深　翻

山地丘陵果园多土层较浅，土壤贫瘠，妨碍根系生长；平原地果园，一般土壤较黏重而通透性差。深翻扩穴可加厚土层，改善通气状况，结合施有机肥可改良土壤结构，增强土壤肥力，有利于板栗根系的生长。

深翻扩穴应从幼树开始，坚持每年都进行。一般在秋末冬初结合秋施基肥进行。此时气温较高，有利于有机肥的分解；根系处于活动期，断根容易愈合，翌年形成新根数量多，增强对养分和水分的吸收能力；疏松的土壤能蓄积冬季的雨雪，增加土壤的含水量，有利于消灭部分越冬害虫。深翻一般 20～30 厘米。

山地丘陵栗园可采用半圆形扩穴法，将每棵树分 2 年完成扩穴，以防伤根太多影响树势。扩穴的环状沟可距树干 1.5 米处开挖，沟深 50 厘米左右，宽 50 厘米左右。沟挖好后，将土与杂草、粉碎好的秸秆和腐热的有机肥料混合后回填，以增加土壤中的有机质，改良土壤，促进根系生长。回填后踏实，覆盖面呈漏斗形以利蓄水，有条件的果园深翻改土完成后，应立即浇水。深翻过程中注意不要伤及粗根，把根按原方向伸展开。平原或沙滩地果园可采用“井”字沟深翻或深耕，分 2 年完成。采用此法时，可距树干 1 米处挖深 50 厘米、宽 50 厘米的沟，隔行进行，翌年再挖另一侧。栗园土壤黏重的，可混入沙土；沙滩地土壤保水能力太差可适当换土。若采用深耕法，最好先在行间撒上粉碎的秸秆或腐熟的有机肥深翻压入土壤中。

（二）中耕除草

中耕除草是栗园管理中的一项重要措施。中耕能把表土和下层土壤之间的毛细管切断，减少土壤中水分蒸发，同时清除栗园中的杂草，减少杂草和栗树之间的养分和水分的竞争，还可以防治病虫害，改善土壤的通气状况。清除的杂草既可作栗园覆盖材料，也可作为有机肥深埋地下。中耕深度一般 10 厘米左右。中耕的次数要看降雨情况、浇水次数、杂草生长情况和当地的劳力情况而定。

一般情况，全年中耕除草至少 3 次。第一次：5 月中下旬，这时杂草生长旺盛，同时栗树根系生长正值高峰期之前。中耕除草有利于根系生长发育；第二次：7 月下旬至 8 月上旬，主要清除杂草，

减少杂草和生长结果的养分、水分竞争，疏松土壤，蓄水保墒；第三次：9 月上中旬，采收前清洁栗园便于收获。

（三）栗园生草

当前我国板栗产业生产面临的一个突出问题，是土壤有机质严重匮缺，以及由此引发的各种弊端，导致树体早衰减产，果实品质不断下降。理论研究与生产实践均已证明，推行果园生草技术，是解决上述问题的有效途径。它的推行也是发展“以园养园”生态农业的最佳途径。

1. 果园生草的益处　果园推行生草制是绿色植物保护技术的重要内容，也是发展可持续农业的重要措施之一。果园生草就是在果园种植对果树生产有益的草，能够持续增加土壤的有机质含量和肥力，保持水土，抑制杂草生长，保护并繁殖害虫天敌，减少果树病虫害的发生，降低生产成本，提高果品的产量和质量。生草已成为果园科学化管理的一项基本内容：①减少水土流失，保水保肥；提高土壤有机质含量，改善土壤团粒结构，提高地力。白三叶是果园生草的优良草种，可固定和利用大气中的氮素；据专家测定，4 年生草果园全氮、有机质含量分别提高了 100% 和 159.8%。果园种植白三叶草可大大降低乃至取代氮肥的投入。生草果园即使不增施有机肥，土壤中腐殖质也可保持在 1% 以上，而且土壤结构良好，同时减少了肥料投放，避免了施用有机肥的繁重劳力支出。②蓄水保墒，提高果园的抗旱能力；调节地温，缩小地表温度变幅；有利于果树根系的生长发育。据测定，3 年生草果园，25 厘米土层含水量可提高 17%，10 厘米土层含水量可提高 26.9%；夏季 7～8 月份地表温度可降低 5～7℃，冬季地表温度可增加 1～3℃，且全年地温比较稳定。不仅减少灌溉投入，而且对根系生长有利。③果园生态平衡，增强天敌自然控制能力，减少病虫害发生，抑制杂草生长，降低劳动强度。在果园种植紫花苜蓿、白三叶草、夏至草等，形成利于天敌而不利于害虫的环境，可充分发挥自然界天敌对害虫的持续控制作用，减少农药用量，是对害虫进行生物防治的一条有效途径。研究表明，种植紫花苜蓿果园，天敌（主要指东亚小花蝽、瓢虫、食蚜蝇、黑食蚜盲蝽）发生高峰提前 7～10 天，持续时间长，种群密度比常规园增加了 2～7 倍，仅用 1 次杀螨剂和 2～3 次杀虫剂，就可将叶螨、蚜虫和潜叶蛾等害虫控制在经济损失允许的水平以下；生草果园蚜虫、叶螨和潜叶蝗的平均虫口密度为 40.1 头 / 枝，0.42 头雌成螨 / 叶和 0.11 头 / 叶，仅是常规对照园的 51.81%、14.29% 和 27.4%。与常规防治相比，试验园杀虫、杀螨剂用量减少 50% 以上，生产成本降低 25%～30%，每 667 米^2 节省药、工费用 100 余元，并改善了生态环境，可实现以生物防治和农业防治为主的果树害虫可持续治理。④生草果园土壤养分供给全面，有利于改善果实品质。生草增加了果园土壤有机质的含量，使果树营养供给均衡，提高果实抗病性和耐储性，生理性病害减少，果面洁净，从而提高了果品的质量和档次。

2. 生草的栽培措施 果园生草对草的种类有一定的要求，其主要标准是要求矮秆或匍匐生，适应性强，耐阴而践踏，耗水量较少，与果树无共同的病虫害，能引诱天敌，生育期比较短。草种以白三叶草、紫花苜蓿、田菁等豆科牧草为好，目前以白三叶草最为优越，为果园生草的主导草种。

（1）播种时间 研究表明，白三叶草最佳播种时间为春、秋两季。春播可在 4 月初至 5 月中旬，秋播以 8 月中旬至 9 月中旬最为适宜。春播后，草坪可在 7 月份果园草荒发生前形成；秋播，可避开果园野生杂草的影响，减少剔除杂草的繁重劳动。

（2）种植方式 可条播和撒播。试验表明，撒播白三叶草种子不易播匀，果园土壤墒情不易控制，出苗不整齐，苗期清除杂草困难，管理难度大，缺苗断垄现象严重，对成坪不利；条播可适当覆草保湿，也可适当补墒，有利于种子萌芽和幼苗生长，极易成坪。条播行距以 15～25 厘米为宜。土质好、肥沃，又有浇灌条件，行距可适当放宽；土壤瘠薄，行距要适当缩小。同时，播种宜浅不宜

深，以 0.5～1.5 厘米为宜。建议白三叶草每 667 米^{2}果园用种量为 0.5～0.75 千克。

（3）水肥管理 白三叶草属豆科植物，自身有固氮能力，但苗期根瘤尚未生成，需补充少量的氮肥，待成坪后只需补充磷、钾肥即可。白三叶草苗期生长缓慢，抗旱性差，应保持土壤湿润，以利于种子萌发和苗期生长。成坪后如遇长期干旱也需适当浇水。

（4）生草果园的管理 生草初期应注意加强水肥管理。同时灌水后应及时松土，清除野生杂草，尤其是恶性杂草。果园生草，应控制其长势。适时刈割，可增加年内草的产量，增加土壤有机质。生草最初几个月，不要刈割，生草当年最多刈割 1～2 次。一般生草园每年刈割 2～4 次。刈割要注意留茬高度，原则是不影响果树生长，有利于再生，切记不要齐地面平切，一般以 5～10 厘米为宜，刈割下的草覆盖于树盘上。对于全园生草的果园，刈割时较麻烦，且费工费力，可每 667 米^{2}喷洒百草枯 20% 水剂 100 毫升（600～1 000 倍液），代替刈割。百草枯属触杀性除草剂，遇土钝化失效，无残留，耐雨水冲刷，用后 0.5 小时内无雨即可达到良好效果。生草园可减少氮肥施用量，不施有机肥，同时在生长期果树根外追肥 3～4 次。生草 7 年后，草逐渐老化，应及时翻压，休闲 1～2 年后重新播种。从 20 世纪 70 年代起，法国、荷兰、美国、日本等一些果业生产先进国家，果园便普遍实施了生草技术。

（四）覆盖保墒

栗园覆盖保墒是一项主要的土壤管理措施，尤其是北方栗园多分布在土层瘠薄、干旱少雨的山地丘陵，减少栗园土壤水分蒸发显得尤为重要。传统的抑制土壤水分耕作保墒，在山区实施有限，现代推广土壤覆盖或生草保墒能保持水土，效果十分显著。

春季可在栗园覆盖地膜，四周用土压实，防止水分蒸发，并能提高地表温度，保持湿度，抑制杂草生长。夏、秋季覆草为最好，此时正值高温多雨，草易腐烂，不易被风吹走。在干旱高温时，覆草可降低高温对表层根的伤害。对于冲积平原土壤浅层为沙土的地区或河滩沙地，地面覆盖在夏秋季能降低地表温度，减少日灼的危害。覆草的种类有麦秸、豆秸、玉米秸、稻草等多种秸秆。数量一般为每667米^2 2000千克左右，若草源不足，应主要覆盖树盘，覆草厚度为15厘米左右。覆盖前，最好把草切成5厘米左右长，并初步腐熟。覆盖时，应先浅翻树盘，覆草后用土压住四周，以防被风吹散。刚覆草的果园要注意防火。每次果园施药时，可在草上喷洒1遍，以消灭潜伏于草中的害虫。

实践证明，栗园覆盖有明显的保墒作用，并能在雨季拦蓄雨水，增加入渗量。覆盖物可以增加土壤肥力，改良土壤。其缺点是有利于部分病虫滋生。

在坡陡、地多人少的地区，耕作或覆盖难以实施，可采用生草法防止水土流失。在夏、秋季将栗园中的杂草或专门播种的专用牧草、绿肥，刈割后埋入树盘下，不耕作，起到保持水土的作用，并能改善土壤理化性状，充分利用土壤的养分和水分。

（五）栗园间作

栗园间作是我国栗产区的传统习惯。零散栽植的栗树和新建栗园，为了充分利用土地和光能，提高土壤肥力，增加收益，可在行间或梯田内侧及埂上间作粮食或经济作物，弥补果园早期没有收益或收益少的不足。栗粮间作一般是在栗园中间作小麦、马铃薯、甘薯等粮食作物。特别是小麦和栗树生育期重叠时间短，栗树秋季落叶后小麦开始生长，春季萌芽期晚，对小麦光照有利，而小麦施肥灌水促进了栗树的生长。在水源充足的地方还可间作蔬菜、西瓜、中药材、果树苗木、花卉苗木等，间作增加了肥水，有利于栗树的生长发育。栗园间作，各地要因地制宜，特别注意不宜间作玉米、高粱等高秆作物，会妨碍果园通风透光，影响栗树生长结果，并且会使病虫滋生蔓延。另外，间作时要留出树盘，以免耕作时损伤主根，并影响栗园的通风透光。

有条件的地方间作大豆、蚕豆、绿豆、花生等豆科作物绿肥，能起到生物固氮、增加土壤氮含量的作用。绿肥是指利用绿色植物体作为肥料。绿肥的来源可以就地取材与就地种植相结合。绿肥种类很多，按播种季节可分为冬绿肥和夏绿肥，冬绿肥在上一年秋季或冬季，春夏季刈割后压翻，夏绿肥春季播种，当年秋季利用。按绿肥的生命周期也可将绿肥分为1年生绿肥植物和多年生绿肥植物，种植绿肥要做到二者的有机结合。以下绿肥供参考使用。

1. 紫穗槐　多年生灌木，被称为“肥田之王”，幼嫩枝叶为高效绿肥，鲜叶含氮I.32%、磷0.3%、钾0.79%。从5月份开始收割嫩枝，全年可收2～3次。秋季可割木质化的枝条编筐，做包装果品用。

2. 小冠花　原产地中海，是多年生豆科植物，既可作绿肥又可作饲料。生长快，地面覆盖度大，栗园种植还可减少土壤水分的蒸发。冬播和夏播均可，每年刈割3次，每667米^{2}产10吨左右。

3. 沙打旺　多年生豆科绿肥植物，喜沙性土壤，产草量高。沙打旺宜春播，每667米^{2}播种1～2千克籽。宜在栗园行间播种。

4. 草木樨　2年生豆科绿肥植物，生长旺盛，抗旱性强，肥效高，含氮0.48%、五氧化二磷0.72%、氧化钾0.44%。以雨季播种为好，每667米^{2}播种量1～2千克，每年刈割1～2次。

5. 苕子　又称肥田草、野豌豆、蓝花草、苕草等。1年生豆科冬绿肥。9～10月间播种，每667米^{2}用种量1.5～2.5千克。春季即可刈割或直接翻入土壤压青。

6. 大荚箭筈豌豆　1年生豆科冬绿肥。9～10月份播种，每667米^{2}需种1.5～2.5千克，翌年4～5月份刈割或翻耕压青。

7. 绿豆　1年生豆科夏绿肥，5～6月份播种，每667米^{2}需种1.5千克左右，盛花时翻耕入地。

8. 大叶猪屎豆　1年生夏绿肥，4月下旬至5月份条播，每667米^{2}需种子1.5～2千克，秋季压青。

二、合理施肥

合理施肥能提高土壤肥力，改善土壤结构，促进树体营养生长和生殖生长，提高产量和品质，延长栗树结果年限，增强树体对不良环境条件的抵抗能力。

（一）肥料选择

1. 板栗对大量元素的需求 板栗树体和果实内含有多种成分，其中氮、磷、钾是3种最重要的成分。

（1）氮 氮素是板栗生长和结果所需的最主要成分。栗树的枝条中含氮0.6%，叶中含氮1.0%，根中含氮0.6%，果实中含量为0.6%，雄花中含氮2.16%。氮素的吸收从早春根系活动开始，随着发芽、展叶、开花、新梢生长、果实膨大，吸收量逐渐增加，直到采收前还在上升，采收后下降，休眠期停止吸收。研究板栗树体内含氮量的变化呈现明显的规律性。在休眠期至萌芽初期，枝条内含氮量较高。进入生长期后，枝条内含氮量逐渐减少。花期含氮量几乎降到最低值。果实生长期含氮量较稳定。坚果迅速生长期，枝内含氮量明显下降。果实采收后，含氮量回升。

春季补氮有利于新梢生长、开花、结果及果实发育，提高产量。后期叶片中的氮素会向枝条、树干和根系等贮藏器官转移，树体氮含量升高，过量施氮会导致枝条徒长、枝条充实和花芽分化。

（2）磷 磷在正常的枝、叶、根、花和果实中的含量分别为0.1%、0.5%、0.4%、0.5%和0.5%左右。板栗对磷的吸收主要集中在开花期到采收前，吸收多且稳定。板栗枝条内的磷含量变化也是有规律性的。萌芽初期，枝条内磷含量最高，生长期开始下降，花期降到最低值，谢花后枝条磷含量上升。板栗枝条中磷含量的下降实质是磷转移到了树体生命活动强的部分，也正是树体吸收磷的季节。缺乏磷元素时花芽分化不良，影响产量和品质，同时树体的

抗逆能力减弱。

（3）**钾**　板栗树在萌芽初期枝条内钾含量较高。随着生长期的到来，钾含量逐渐下降。开花前，采果前母枝钾含量几乎为零，果实采收后，钾含量才开始回升。钾的吸收从板栗开花到果实采收期间吸收最多。

2. 板栗对其他元素的需求　板栗除了需要氮、磷、钾三要素以外，还需要锰、钙、硼、镁、钼、铁、硫、铜、锌等其他元素。板栗树体内缺少微量元素同样会出现生长不良，甚至病态。合理施用微量元素，才能满足板栗正常生长发育。

特别是板栗为高锰植物，它的锰含量高于其他果树，对锰的需求较多，缺锰时，叶内失绿严重，呈肋骨状，叶脉失绿较轻，严重时叶片焦黄或早落。锰参与树体糖类积累和运输，与叶绿素的形成、果实的发育关系密切。

板栗也是喜钙植物，钙可促进养分吸收，参与蛋白质的合成，消除或减少有机酸的毒性。

硼对生殖器官有促进作用。含量最高的部位是花，尤其是柱头和子房，可以刺激花粉的萌发和花粉管的伸长，有利于受精过程。硼还能增强树体对钙的吸收和利用。在酸性土壤中硼易流失，土壤中速效硼的含量低于0.4毫克/千克时，即表现为缺硼。栗树缺硼表现为受精不良，花而不实，空苞率高，还会影响根系的发育和光合作用。但如果硼用量过多，也会发生毒害，表现为叶面发皱，叶色发白。硼是板栗组织正常发育和分化所必需的，缺硼可引起生殖器官的不育或发育不良，从而导致板栗空苞。施硼可以防治空苞。研究土壤中含硼量和空苞率的关系表明，土壤中含速效硼在0.5/100万以上，不发生空苞现象；当土壤中速效硼在0.5/100万以下时，随着硼含量的降低，空苞率升高。因此，常采用施硼来防治空苞的发生。

钼存在于生物酶中，是硝酸还原酶的组合，能促进植物固氮和光合作用，可以消除酸性土壤中铝在树体内累积而产生的毒害。缺钼的症状类似于缺氮。

3. 无公害栽培对肥料的要求 生产无公害板栗必须严格按照《中华人民共和国农业行业标准（NY/T 394—2000）绿色食品肥料使用准则》执行。

（1）禁止和限制使用的肥料 生产AA级绿色果品时，禁止使用化学合成的肥料、城市垃圾和污泥、医院的粪便、垃圾及含有害物质（如毒气、病原微生物、重金属等）的工业垃圾；严禁施用未腐熟的人粪、尿；禁止使用未腐熟的饼肥。

生产A级绿色果品时，化学合成的某些肥料，如尿素、硫酸钾、磷酸二氢钾允许限量使用，如每667米^{2}允许施用尿素20千克，并应与有机肥配合使用，有机氮与无机氮的比例为1∶1，也可与微生物肥料配合使用，但最后1次追肥的时间应在采果前30天。化学合成肥料中禁止使用硝态氮肥。

（2）允许使用的肥料 生产绿色果品允许使用的有机肥料主要有两大类：第一大类是经过腐熟的农家有机肥料；第二大类是经国家农业部认证的商品有机肥和生长营养液。

第一大类主要包括4种肥料：①粪尿肥。有人粪尿，家禽、家畜粪尿和厩肥等。②堆沤肥。以作物秸秆、杂草为主，掺入少量人、畜粪尿沤制而成。③绿肥。直接翻压在土壤中的绿肥作物。④饼肥。有大豆饼、花生饼、茶籽饼、棉籽饼和蓖麻饼等。

有机肥料能为果树提供多种营养（表6-1），有强大的保水能力，能活化土壤中的潜在养分，还能改良和培肥土壤。富含有机物的有机肥料，其养分形态绝大多数是迟效性的，果树不能直接吸收利用。如果把未经腐熟的有机肥施入土壤中，由于分解缓慢，不但当季肥效很差，同时还会滋生杂草、传播病菌、虫卵。为了克服这些缺点，在施用之前必须采用堆积后加盖塑料膜的方式使之充分腐熟。由于绿肥作物和直接还田的秸秆的分解和腐熟发生在土壤中，必须重视翻压的技术问题。翻压时间一般要选择在绿肥的花期，翻压深度为12～20厘米，翻压质量要做到不使植株外露，翻压后再镇压，将土壤整碎沉实。若墒情较差，则应结合翻压进行浇水。

表 6-1　部分农家肥主要养分含量［鲜物（%）］

种类		水分	有机物	氮（N）	磷（P_2O_5）	钾（K_2O）
人粪		30 以上	20	1	0.5	0.37
人尿		90 以上	3	0.5	0.13	0.19
人粪尿		80 以上	5～10	0.5～0.8	0.2～0.4	0.2～0.3
堆肥		—	—	0.4～0.5	0.18～0.26	0.45～0.7
猪	粪	81.5	15	0.6	0.4	0.44
	尿	96.7	2.8	0.3	0.12	1
牛	粪	83.3	14.5	0.32	0.25	0.16
	尿	93.8	3.5	0.95	0.03	0.95
马	粪	75.8	21	0.58	0.3	0.24
	尿	90.1	7.1	1.2	微量	1.5
羊	粪	65.5	31.4	0.65	0.47	0.23
	尿	87.2	8.3	1.68	1.54	2.1
鸡粪		—	—	1.63	1.54	0.85
紫云英		88	—	0.33	0.08	0.23
紫花苜子		82	—	0.56	0.13	0.24
黄花苜蓿		83.3	—	0.54	0.14	0.4
油菜		82.8	—	0.43	0.26	0.44
绿豆		85.6	—	0.6	0.12	0.58
草木樨		80	—	0.48	0.13	0.44
红三叶		73	—	0.36	0.06	0.24
紫穗槐		—	—	1.32	0.36	0.79
豆饼		—	—	6.5–7	1.3～1.7	1.4～2.1
花生饼		—	—	6.39	1.1～2	1～1.34
棉籽饼		—	—	3.41	1.63	0.97
草木灰		—	—	—	0.93～1.04	2.24～6.41

第二大类是商品有机肥，主要包括微生物肥料、腐殖酸类肥料和生长营养液。

（二）施肥量确定

板栗施肥量应根据土壤肥力状况、栗树生长势、结果状、树龄、物候期、农业技术措施、肥料种类和利用率等情况而定。一般幼树、旺树可适当少施；大树、弱树应适当多施。板栗树在一年中不同时期对不同元素的需要量不同。4～6月份新梢、叶片、花及幼果生长期需氮量最多；磷的需要量在4～6月份和8月上旬到9月上旬较高，10月份以后几乎停止吸收；钾素在开花前很少吸收，开花后（6月份）迅速增加，结果树在7月中旬到9月初需钾量增大，果实肥大期达吸收高峰，10月份以后急剧减少。施肥量应以预计的栗实产量为依据。根据板栗丰产林管理经验，参照河南省《板栗丰产林地方标准》，每生产100千克板栗，需要纯氮肥3.2千克、磷肥0.76千克、钾肥1.28千克。纯氮、磷、钾的施入比例为4∶1∶1.6（表6–2）。据日本专家介绍，每生产100千克板栗需氮、磷、钾分别为4千克、6千克和5千克。在日本，每667米^{2}产量700千克的高产园每年施有机肥4700千克、鸡粪400千克、化肥130千克；山东省费县实际施肥为氮5.8千克、磷3.9千克、钾4.6千克；日照市实际施氮7.6千克、磷5.7千克、钾7.6千克。同时，还要增施其他元素，进行配方施肥。

表6–2 不同树龄、中等土壤肥力的栗园全年施肥量

树龄（年）	产量指标 千克/667米^2	肥料种类	年施肥量（千克）	总施肥量中（千克/667米^2）	
				基肥	追肥
1～5	30～100	氮	4	2	2
		磷	1.5	1	0.5
		钾	2	2	—

续表 6–2

树龄（年）	产量指标 千克 / 667 米 ^{2}	肥料种类	年施肥量 （千克）	总施肥量中 （千克 / 667 米 ^{2}）	
				基　肥	追　肥
6～10	100～150	氮	6	3	3
		磷	2	1	1
		钾	2.5	1.5	1
11 年以上	150～200	氮	8	4	4
		磷	2.5	1.5	1
		钾	3	2	1

（三）施肥方法

根据板栗生长和结果特性，板栗施肥必须抓住以下几个关键时期。

1. 秋施基肥　基肥以有机肥为主。生产中常用厩肥、堆肥、绿肥、炕土等。施用基肥能增加树体储备，促进花芽的分化，并有利于雌花的形成。一般施基肥在采果后结合深翻进行。农家肥施入土壤后须经过腐烂分解才能被根系吸收，因此须早施才能发挥肥效。8～9 月份施有机肥（厩肥每 667 米 ^{2} 3 000～4 000 千克）可以增大单粒重和提高产量（表 6–3）。施肥的方法主要有条状沟施、环状沟施、放射状沟施和撒施 4 种。

表 6–3　秋施基肥对单粒重和产量的影响

处　理	单 粒 重		单株产量	
	（克）	（%）	（千克）	（%）
秋施基肥	14.47	129.9	4.13	146.5
对　照	11.14	100	2.82	100

（1）条状沟施 在行间树冠滴水线下纵横开沟，沟深 30～50 厘米，沟宽 30～50 厘米。梯田或水平阶上的树，挖间沟，然后施入有机肥，覆土，覆盖面呈凹斗形，以利蓄水。

（2）环状沟施 在整个树冠滴水线下挖 30 厘米宽、深的环状沟，将有机肥施入沟内覆土，覆盖面要呈凹斗形，以利于蓄水。挖沟时要避免碰伤大根。

（3）放射状沟施 栗树较大时，宜采用此方法。以树干为圆心，距树干 1 米以外放射状挖沟 4～8 条，放射沟位逐年错开，有机肥施入后覆土呈凹斗形，以便蓄水。

（4）撒施 把肥料均匀地撒在树冠内外的地面上，然后深翻入土。这种方法适于密植园和大树稀植施用，一般肥料应较充足。

基肥的施用量应根据树龄大小和结果状况而定。一般株施农家肥 50～100 千克，另外每生产 1 千克坚果需加施有机肥 5 千克左右，并掺入适量的磷、钾肥。

2. 追肥 追肥也叫补肥。根据生长季节各物候期栗树的需肥情况及时补给所需的营养。追肥以速效肥为主，常用的化肥有尿素、硝酸铵、硫酸铵、过磷酸钙、磷酸二氢钾、磷酸二铵、氮磷钾复合肥、钙镁磷肥、氯化钾等。追肥分为土壤追肥和根外追肥两种方式，土壤追肥是主要的追肥方式。

（1）土壤追肥 土壤追肥主要有 2 次。第一次是新梢急速生长期和雌花继续分化期。这一时期以氮肥为主，可促进雌花花芽分化，增加雄花数量，并促使枝叶生长旺盛，提高当年的结实力。盛果期大树一般株施尿素或硝酸铵 0.5～1 千克或人粪尿（腐熟）30 千克，开沟追施，施后结合浇水。试验证明，经过追肥浇水的大树结实率为 76.33%，对照仅 33.3%。

第二次是 7～8 月间栗苞膨大期，这是板栗果实迅速发育及果肉内干物质积累、果肉重量增加的关键阶段。这时应施速效氮、磷、钾肥促使果粒增大，果肉饱满，同时可促使叶片肥厚、叶色绿、新梢增粗（表 6-4）。3～5 年生结果树每株施尿素 0.2～0.4 千克，磷酸二氢钾 0.1～0.3 千克。盛果期大树依结果状况，每株施尿素 0.5～1 千克，磷酸二氢钾 0.5～0.8 千克。

表 6-4　夏秋追肥对单粒重的影响

处　理	100 片叶重（克）	结果新梢平均粗（厘米）	平均单果重（克）
追　肥	449	0.53	7.53
对　照	339	0.43	4.46

（2）**根外追肥**　根外追肥也叫叶面喷肥，是一种应急和辅助土壤施肥的方法，具有见效快、节省肥料等优点，并且常与病虫害防治结合在一起。叶面喷肥的氮素以尿素为好。尿素属中性，化学性质较稳定，与农药混合后对尿素的吸收和农药的药效均无影响，亦不发生药害。

叶面喷肥时间应选在空气湿润、没有风的天气进行，宜在上午 9 时以前或午后 4 时进行。宜中午喷施，或在干燥多风天气进行，否则，水分蒸发快，易引起药害。叶面喷施一般喷在叶的背面，叶面喷肥对于缺水的山区、不便施肥的地区，经济效益非常显著。板栗叶面喷肥的次数和时期如下。

①第一次　6 月中下旬叶面喷尿素液 0.3%～0.5%，也可加蔗糖液 5%～10%；并加喷 0.1%～0.2%的硼砂，可显著提高结实率。

②第二次　7 月上旬至 9 月上旬每隔 15～20 天喷尿素液 0.3%～0.5%＋磷酸二氢钾液 0.1%～0.3%，可增大单果重，提高产量，并促进花芽继续分化。

③第三次　栗子采收后 1 个月内喷尿素液 0.3%～0.5%＋磷酸二氢钾液 0.1%～0.3% 1 次，有利于增加树体营养物质的储存。

（四）营养诊断与配方施肥

1. 板栗生长营养特点　不同生育阶段的营养重点不同。板栗在一年中经历着生长、结果、衰老的不同阶段。幼树阶段以营养生长为主，主要完成根系和树冠骨架的发育，以氮、磷、钾肥营养为主。结果期，果树以生殖生长为主，为了增加果实产量和质量，对钾的需求量越来越多，磷和氮可维持钾的半量。盛果期容易出现微量元素的缺乏症，应注意适时补充。衰老期主要是营养生长的减弱，为了延缓其衰退，应结合树上的更新增施氮肥，促进营养生长的恢复，以延长结果期。

不同时期主要营养的变化不同。板栗年周期的发育中，前期以氮为主，中后期以钾为主，磷的吸收在整个生长季比较平稳。前期开花坐果、幼果发育和生长需要大量的氮，到6月中旬新梢生长达到高峰，氮的吸收量亦达到高峰。此后进入花芽分化和果实膨大期，钾的需要量增加，并在果实迅速膨大期达到高峰。

以上是板栗生长发育的规律，我们可以利用这个规律指导施肥，促进果树生长与结果之间的平衡，结合果树不同发育阶段的营养特点，促进幼树早结果，结果树连年丰产稳产，延迟衰老。

板栗施肥在肥料的选择上，历来遵循有机肥为主、有机无机相结合，主要营养元素按比例施用、适当调整微量元素营养，实现平衡施肥的原则。

目前的有机肥以畜禽粪便为主，还有大量的作物秸秆肥。人粪尿和饼肥也是重要的有机肥源。其他有机肥，还包括生活垃圾、草炭、褐煤、风化煤等。

化肥养分浓度高，速效性强，用量小，省时省力。目前，大量应用的化肥有尿素、磷酸二铵、撒可富等三元复混（合）、碳酸氢铵、硫酸钾等，微量元素肥料主要有硼砂（或硼酸）、硫酸锌、硫酸镁、硫酸亚铁等。

2. 板栗空苞及防治 板栗产生空苞是一个全国性的严重问题，已引起各地很多研究工作者的重视。板栗空苞就是栗棚中没有栗子，群众叫“哑巴栗子”、“哑栗树”。这种空苞或叫空棚现象，严重影响板栗的产量。据调查，板栗正常生长的地区平均有15%的空苞率。不少地区空苞率占50%。北京市平谷区镇罗营乡，密云区高

岭乡、巨各庄乡，有些山坡地空苞率占 90%。在河北、山东及南方各省都有严重发生。

板栗空苞发生有一定的地区性，发生严重的地区年年都很严重，特别是嫁接树有时成片形成空苞，已成为板栗生产上的一个严重问题。

（1）空苞产生的原因　通过试验和土壤分析，肯定了缺硼是引起板栗空苞的主要原因。硼元素是受精过程中必要的元素，缺乏硼就不能正常受精，导致胚胎早期败育，这就是引起板栗空苞的主要原因，并已得到生产上的证实。通过空苞率与土壤中含硼量的测定得知：土壤含速效硼在 0.5 毫克 / 千克以上时，板栗基本不发生空苞现象；当土壤中含速效硼在 0.5 毫克 / 千克以下时，随着硼含量的降低，空苞率升高，所以土壤含速效硼 0.5 毫克 / 千克是临界指标。低于这个含量，则影响板栗正常的受精过程，使胚胎发育早期停滞，从而形成有棚无实的空苞。

（2）空苞的防治　施硼能明显抑制板栗空苞的形成，但是施硼量必须合适。以树冠大小计算，每平方米施硼 10～20 克为合适，要求施在树冠外围须根分布最多的区域。例如，幼树冠 10 米^2，可施硼砂 150 克，大树根系分布广，要按比例多施些。但如果施硼量过多，如每平方米树冠施硼砂超过 40 克，就会发生药害，表现出硼中毒的症状，其叶边缘及叶侧脉之间呈现褐色，叶片变脆，主脉向叶背弯曲。如果每平方米树冠施硼砂超过 60 克，全树叶片边缘呈红褐色，并向中心发展，除叶脉附近呈绿色外，其他区域呈烧焦状，叶片逐渐枯萎，顶端嫩叶更为敏感，危害明显。所以，一定要掌握好施硼量，既达到有效防治空苞的效果，又不产生药害。

叶面喷硼是一种快速的方法，虽经反复试验发现，其防治空苞的效果不如土壤施硼好，但也有一定的效果。例如，在花期喷 0.3% 的硼砂溶液，空苞率为 47.75%，而对照树为 62.16%。如果连年喷硼，其效果越发明显，说明喷硼后树体内硼的含量可不断增加，对

以后减少空苞率有一定的作用。

施硼时期：在春季萌芽前环状沟施，随后浇水，空苞率较没有施硼的对照树降低 80% 以上，空苞率明显降低。

由于不少山区春季浇水有一定的困难，因此，又试验了雨季施硼，在 7～8 月份用环状开沟或穴施。将硼砂施在树冠外围须根密集分布的区域，每株施硼砂 0.15～0.2 千克。施硼后可不必浇水，通过雨水溶解硼肥，渗透到根系附近被根吸收。这一时期施硼对当年降低空苞率没有作用，因为空苞形成是在胚胎发育的早期，但是对第二年降低空苞率有明显的效果，可使产量大幅度增加。通过几年连续观察，发现施硼的效果能延续好几年，无论春季施硼，还是雨季施硼，施 1 次 5 年之内都有明显的效果，使 50% 以上空苞率的树每年都降低到 5% 以下，可见板栗吸收硼的量不多。

三、水分管理

水是栗树的重要组成部分，板栗果实中含有 40%～50% 的水分，栗实干物质中还含有 48.5% 的结合水（即氧 42%，氢 6.5%）。土壤中的无机营养需要溶解到水中才能被栗树根系吸收，有机营养物质运转及分解的快慢和释放二氧化碳的速度与数量也与土壤水分状况有密切关系。只有满足板栗树生命过程中光合作用、蒸腾作用等各种生理活动所需水分，以及板栗正常生长发育创造良好环境（叶面蒸腾、株间蒸发）所需水分，即合理浇水才能保证栗树的正常生长发育和早实、丰产、稳产。

（一）需水规律及浇水期、浇水量的确定

板栗与其他果树相比较为抗旱，但充足的水分供应有利于板栗的丰产、高产。只有掌握板栗的需水规律，才能合理安排浇水，科学调整栗园水分状况，适时适量地供应栗树所需水分，确保无公害板栗的优质丰产。在一年当中板栗各个物候期对水分的要求是不同

的，其中有几个重要需水时期。

1. 发芽前　春季是板栗各器官迅速建造时期，各个器官的生长发育、营养物质的运输与新陈代谢的进行，必须有充足的水分供给，板栗雌花的分化也在此期间进行。如果早春干旱未能及时浇水，直接影响花芽分化，雌花数量减少，质量下降，影响板栗的当年产量。早春浇水可促使结果枝增粗，饱满芽多、栗苞多。有条件的地区一定要在追肥后浇足水，或用地膜覆盖保墒。

2. 新梢快速生长期　春季发芽后逐渐展叶、抽枝，新梢进入快速生长高峰期。此时北方多为旱春时期，土壤含水量较低，影响新梢的健壮生长。优质丰产的栗园必须在此期采取有效的浇水措施，保证充足的水分供应。

3. 果实膨大期　板栗在坚果膨大期有许多营养物质的合成、运输及转化，需要有充足的水分供应做保证。此期正值高温期，虽大部分产区为雨季，但蒸发量大，如发生秋旱缺水，则直接影响栗实的灌浆，影响果仁的大小与饱满度。只有及时补充水分，才能有效地促进果粒增大，提高板栗的质量和产量。

栗树喜湿润，我国北方群众有“涝收栗子旱收枣”的谚语。特别是密植栗园根量大，根系浅，抗旱性差，必须适时浇水。据对每 667 米^2 产量 500 千克以上的沙壤土地栗园观察测定，各生育期的土壤含水率为：萌动期 11.5%，雌花分化期 10.3%，幼果发育期 12.4%，干物质增产期 16.4%。正确的浇水时期，不是等栗树已出现叶片卷曲时才浇水（这时树的生长已经受到不良影响），而是在未受到缺水影响前就浇水。

根据栗树生长发育对肥水需求的规律，在高产密植栗园施肥与浇水的统筹上，是按“三追、一基、五遍水，另加叶面半月喷”的模式进行的。“三追”是追施促花肥、保果肥、增重肥；“一基”是秋施基肥；“五遍水”是萌动水、开花水、增重水、养树水、封冻水；“半月喷”是自 4 月上旬起每隔 15 天叶面喷肥 1 次（表 6–5）。

表 6–5 施肥浇水统筹模式（每 667 米^2 产量为 500 千克）

时间	平均气温（℃）	生长发育时期	施肥模式/浇水模式	施肥量（折纯肥，千克）氮、磷、钾、硼	施肥要点	浇水方法
3 月下旬	9.2	萌动期	促花肥/萌动水	12、0、0、2	充分混合。穴施。穴深 35 厘米。硼隔年施入	沟灌法
5 月中下旬	21.1	新梢长期	保果肥/开花水	6、8、5、0	同上	沟灌或穴罐
7 月下旬至 8 月上旬	27.1	干物质增重前期	增重肥/增重水	5、6、20、0	同上	沟灌
9 月下旬至 10 月上旬	18	养分纯积累期	基肥/养树水	3000、5、0、0、0（土杂肥）	已全园深翻的，环状沟或放射沟施。未全园深翻的，结合扩穴条带沟施	漫灌
11 月下旬	4.3	休眠期	封冻水	—	—	漫灌
4 月初至 9 月上旬		主生长期	叶面喷肥	每隔 15～20 天喷肥 1 次。萌芽期喷天达 2116，每 667 米^2 用量 100 克，稀释 1000 倍。新梢生长期喷 0.3% 尿素 +0.1% 钼酸铵；开花期喷 0.2% 磷酸二氢钾 +0.2% 硼砂；干物质增重期喷天达 2116，每 667 米^2 用量 150 克，稀释 1000 倍。采果后再喷 1 次天达 2116，用量同上次，叶背、叶面都要喷匀		

注：如土杂肥用量达不到表列数量，应相应增加其他允许使用品种的施肥量；如完全施用商品有机肥，可酌减施土杂肥。

除以上 5 次浇水外，在板栗干物质的速增期如遇干旱，土壤含水量达不到合理标准时，也必须浇水，这样对增加产量会有明显的效果。

在长江中下游和南方产区，板栗的整个生长季节以多雨天气为主，这时施肥后就不一定必须浇水。降水过多，土壤中缺乏空气

时，会迫使根系进行无氧呼吸，积累乙醇，使蛋白质凝固，引起根衰以至死亡。因此，应当及时排水，采用明沟排水或地下安装管道进行暗管排水。是否需要浇水，必须依土壤含水量的测定为依据。除使用仪器测定外，还可用手测法、目测法，判断大体的含水量。板栗园多为沙壤土，用手握紧土团、挤压时土团不易碎裂，说明土壤湿度在合理的范围内，此时一般不必浇水。如手松开后不能形成土团，就说明土壤湿度太低，需要浇水。

4. 无公害栽培板栗对灌溉水质的要求　水质污染主要来自城市、工矿区的废水及不合理的施肥、喷药。工业废水主要是含酸类化合物和氰化物及化肥、农药、化工、造纸等工厂排出的含有砷、汞、铬、镉等废水。水污染后对栗树的直接影响是降低产量和品质，同时也污染了土壤，使栗树的生长发育受阻，致使果实中有毒物质的积累，不能食用。因此，灌溉用水的质量必须符合《中华人民共和国农业行业标准（NY/ T 391—2000）绿色食品　产地环境条件》中的要求（表 6–6）。

表 6–6　生产绿色果品对灌溉水质的要求

污染物	水 pH 值为 5.8～8.5 时的含量要求（毫克 / 升）
水中总汞	≤ 0.001
总　镉	≤ 0.005
总　砷	≤ 0.05
总　铅	≤ 0.1
六价铬	≤ 0.1
氟化物	≤ 0.2

（二）适宜的浇水方式及相应设施

1. 合理灌溉与保墒

（1）集流灌溉　栗园大多建于山区、丘陵地带，浇水条件相对

较差。应根据具体情况，进行蓄水保墒。比较有效的办法有：对梯田或大鱼鳞坑栗园，可在梯田根处挖沟蓄水，沟深、宽各40厘米左右，长1～2米。也可逐棵挖取深30～40厘米、长50厘米、宽40厘米的沟，形成“树水库”。这样，降雨时可截留坡面径流，起到蓄水保墒的作用。

（2）**需水期的全园浇水** 在有灌溉条件的早实丰产栗园，应在板栗需水的关键时期，即早春发芽前、夏季枝梢速生期、秋季果实膨大期，及时进行地面浇水或喷灌，为板栗生长、结果提供充足的水分。

不同时期浇水对生长的影响分别如表6-7、表6-8、表6-9所示。

表6-7 早春浇水对生长结实的影响

处 理	平均每母枝苞数（个）	平均结果树长（厘米）	平均果枝粗（厘米）	平均每尾枝上大芽数	平均母枝产量（克）
早春浇水	4.26	38.6	0.582	3.2	55.2
对照（干旱）	3.53	24.0	0.370	1.4	33.1

表6-8 授粉期干旱、浇水对结实的影响

处 理	成苞率（%）	空苞率（%）	结实率（%）
浇 水	95.3	4.7	69.2
干 旱	82.2	17.8	55.5

表6-9 秋旱浇水的增产作用

处 理	单粒量		单苞产量		单株产量	
	（克）	%	（克）	（%）	（克）	（%）
浇 水	8.83	141.5	14.47	161	6.76	115
对 照	6.24	100	8.99	100	5.88	100

（3）**穴贮肥水加地膜覆盖**　我国板栗多栽于山坡与丘陵地上。北方产区 6 月份前一般降水较少，十年九旱。此时正是板栗新梢生长、雌花继续分化和开花期，适宜的土壤含水量，对新梢生长、开花坐果都至关重要。在没有自流灌溉条件的园地，采用节水灌溉方法是既有效又经济的办法。

操作方法是：中幼树密植栗园于 3 月中旬（萌动前）在树冠下距树干 0.7 米处的 4 个方向各挖个深 40 厘米、直径为 20 厘米的穴，把捆好的长 30 厘米、粗 15 厘米、用作物秸秆或草做成的草把，用水（用尿稀释液更好）泡透，放入穴内，再用土壤填满周围空隙，最后用地膜将树行覆盖，地膜周围用土压牢。穴上方戳一小孔，不浇水时用土把小孔盖严，浇水时扒开。在 3～4 月份，每周浇水 1 次；5～6 月份，每 4 天浇水 1 次，每穴每次浇水 3～4 升。在萌动期和春梢生长时，浇水可结合追肥进行。即先把肥料放入孔内再浇水。汛期将地膜清除干净，防止其对土壤产生污染。

改劣换优园及实生大树栗园，在树冠下每 1.5 米 ^{2} 挖穴 1 个，盖膜面积与树冠大小基本一致，操作方法和浇水、施肥时间与中幼树密植栗园相同。

穴贮肥水加地膜覆盖后，地温、土壤含水率提高，物候期提前。据观察：4 月 1 日至 5 月 31 日，5 厘米土壤平均地温为 26.02℃，比对照（22.41℃）高 3.61℃；经连续 3 年测定，沙壤土密植栗园 4 月上旬至 6 月中旬汛期到来之前，30 厘米土层含水率保持在 12.1%～13.8%，比只浇水而不盖膜的对照园高 0.5%～1.4%；物候期处理比对照平均提高 4～6 天（表 6–10）。

同时，生长发育明显优于对照。据对 4 个品种的调查，连续 3 年穴贮肥水加覆膜的树与对照相比，地际直径平均粗 1.35 厘米，1 年生枝平均长为 6.1 厘米，1 年生枝直径平均粗 0.21 厘米，冠径平均长 43 厘米，树冠平均高 59 厘米，且叶片肥大。据采用壕沟法做根系调查，根的条数和同体积内的鲜根重分别高 83.2% 和 101.5%（表 6–11）。

表 6–10 穴贮肥水加地膜覆盖对板栗物候期的影响

处理	萌动期（月・日）	展叶期（月・日）	雄花出现期（月・日）	雌花出现期（月・日）	春梢停长期（月・日）	秋梢生长情况	果成熟期（月・日）
穴贮肥水加地膜覆盖	4・15	4・22	5・2	5・13	5・29—5・31	无秋梢	9・22
对照	4・20	4・28	5・8	5・17	6・1—6・5	平均长度 1.30 厘米	9・27

注：表中板栗品种为石丰。

表 6–11 穴贮肥水加地膜覆盖对板栗生长发育的影响

处理	调查株数	平均地际直径（厘米）	当年生枝		平均冠径（厘米）	平均树高（厘米）	单叶平均面积（厘米）	0.25 米 ^{2} 断面根系		0.111 米^{3}根鲜重（克）
			长度（厘米）	茎粗（厘米）				条数	其中 1 厘米以上粗根（条）	
穴贮肥水加地膜覆盖	15	8.21	41.4	0.96	256	281	105	144	8	484
对照	15	6.86	35.3	0.75	213	222	81	84	4	236

实践证明：山丘旱地板栗采用穴贮肥水加地膜覆盖后，增产效果非常显著。据实际验收，虽然用工量有所增加，但 3 年累计平均每 667 米 ^{2} 纯收入比对照高 61.5%（表 6–12）。改劣换优园与实生大树栗园 3 年累计平均株产也比对照高 48.7%。

（4）虹吸滴灌袋灌溉技术 虹吸滴灌袋由贮水袋（软塑料膜制成，可贮水 10～20 升）、虹吸管、浮子（防泥沙堵塞及调节滴速）和滤网罩（防止悬浮物堵塞）组成。使用方法为：一般每树 1 袋，小树两棵树 1 袋，将贮水袋装满水，放于地表，插入虹吸管，浮子漂于水

面，出水口埋于地下 10 厘米处，灌溉时启动滴灌即可。这种灌溉技术适用于不同地形，可根据需要移动，还可根据生长需要调节水速。采用这种灌溉方法，水不挥发，1 袋可滴灌 15～20 天。每袋成本 2 元左右。以上各项试验数据证明，适时浇水有明显的增产效果。

表 6-12　地膜覆盖加穴贮肥水对 3～5 年生幼树栗园结果及效果的影响

项　目	调查株数	空棚率（%）	3 年累计产量（千克）			3 年累计每 667 米^2 效益（元）			每 667 米^2 每年平均用工（个）
			总产	平均每 667 米^2 产量	平均株产	投　入	产　出	纯 收 入	
处　理	130	3.1	1 090	930.2	8.38	261.75	2418.52	2156.77	86
对　照	65	8.2	337.5	576.1	5.19	110.25	1497.86	1387.61	60

（三）节水灌溉与保墒方法

1. 节水灌溉

（1）滴灌　即利用塑料管道输水，用机器压力或高处水源落差，将水从水源处输送到栗园，并以微喷、滴管小水流直接浸润土壤到达根系分布层的浇水方法。是一项省工、省水、节能、防止土壤渗漏、效果明显的先进的灌溉措施。在干旱山区小水源、地形变化大的栗园更显其优越性。试验证明，在片麻岩分化的沙质土壤及雨量偏低的情况下，没有滴灌靠自然生长的栗区土壤含水量是田间最大持水量的 32.4% 或 48.1%，生长和结果受到抑制；而采取滴灌区的土壤水分为田间最大持水量的 56.9% 或 63.4%，板栗生长正常。经测算，滴灌区叶面积增大 20.88%，叶厚度增加 41.7%，树势旺盛，产量比一般栗园增产 91.7% 和 95.3%。

（2）渗灌　借助于地下管道系统使灌溉水在土壤毛细管的作用下，自下而上湿润根区的灌溉方法，也称地下灌溉。此法浇水质量好，减少地表蒸发，节省占地，节省水量。

（3）果园灌溉新技术

①土壤网灌溉　由一个埋在果树根部含半导体材料的玻璃纤维网为负极，一个埋在深层土壤中由石墨、铁、硅制成的板为正极。当果树需水时，只要给该网通入电流，土壤深层的水便在电流的作用下，由正极流向负极，被果树吸收利用（由奥地利发明）。

②负压差灌溉　将多孔的管道埋入地下，依靠管中水与周围土壤产生的负压差进行自动灌溉。整个系统能根据管四周土壤的干湿程度自动调节水量，使土壤湿度保持在果树生长最适宜的状态（由日本发明）。

③地面浸润灌溉　灌溉时土壤借助毛细管的吸力自动从设置的含水系统散发器中吸水。当含水量达到饱和时，含水系统散发器自动停止供水。由于系统含水散发器的流量仅为 0.01 克 / 秒，盐分无法以溶液状态存在，使土壤的浸润区变为脱盐的淡水。因此，采用这一系统可以用含盐水灌溉而不会破坏土壤（由日本发明）。

④坡地灌水管灌溉　管长 150～200 米，管径 145 毫米，各节管子之间用变径法连接，保证各段孔口出水均匀，使水从管孔流入坡地的灌水沟中。

2. 保墒措施

（1）中耕保墒　在栗树生长期对栗园土壤进行疏土、锄草等耕作措施，疏松表层土壤，切断毛细管水分的上升，减少地表蒸发；并能改善土壤通气，利于雨水渗入，增加降水蓄纳；同时，中耕可提高地温，加速养分转化，消除了杂草又减少了水分和养分的消耗。中耕在春、夏、秋三季均可进行。春季中耕宜早宜浅，极早消除杂草，并进行耙压，减少漏风墒；夏季雨后立即中耕可减少水分蒸发；秋季中耕能减少地表径流，增加土壤贮水能力。

（2）覆盖保墒　即利用地膜或农作物和秸秆、山草、树叶等进行地面覆盖。其作用是减少雨水的径流量，防止雨水对土壤的冲刷、增加降水渗透，减少土壤的水分蒸发，保蓄土壤水分；覆盖的秸秆腐烂后有利于微生物的活动，增加土壤有机质含量，提高土壤

肥力；还可稳定温度，降低昼夜温差，冬季覆盖又有增温保墒的作用，有利于根系的发育。

覆盖物可利用农作物秸秆、丰富的杂草资源，并可在栗园行间种草，将栗园生草割下。一般覆盖在树冠投影范围内，厚度为20厘米。应用地膜进行覆盖最好在早春雨水后进行。地膜覆盖可以更有效地防止土壤水分蒸发，节省浇水量30%，提高表层土温2～10℃，而且土壤中二氧化碳含量增加，微生物活跃，根系发达，数目多，吸收能力强，地上部萌芽早，光合作用效率高，可明显促进幼树的发育。

（3）其他保墒措施 为提高土壤中水分的利用率，除了应选用耐旱品种，做好中耕保墒、覆盖保墒、减少径流、贮纳降水、减少水分蒸发量之外，还有一些有利的保水保墒措施。

①增施有机肥等肥料 有机肥可提高土壤肥力。不少资料证明，肥力较高及施肥合理的栗园均可降低树体的需水系数，提高水分利用率，从而提高树体的产量。

②施用土壤增温剂 即利用植物油渣、石蜡乳剂等酸性土壤增温剂处理土壤，可抑制土壤水分蒸发达70%～90%，抗旱效果十分明显。

③树体处理 即用0.4%磷酸二氢钾及10%草木灰溶液喷洒叶片，补充叶片中钾的含量，提高栗树的抗热风抗干旱能力；另外，喷洒黄腐酸能降低叶片的蒸腾强度25%～30%，提高水分利用率，据测算可提高栗实产量10%左右。

（四）防渍排水

板栗虽为喜水树种，充足的水分供应是板栗生产的必要措施，但是雨季若栗园长期积水，则土壤中氯含量下降，土壤孔隙度被水充满，影响土壤透气性，根的呼吸作用受阻，养分吸收也不能正常进行；长期积水，可造成树体死亡。所以，栗园要修筑排水沟，做到排灌结合，防止树穴积水，特别是土壤黏重的栗园，更要及时排水。

第七章
整形修剪

一、整形修剪的依据与原则

板栗整形修剪，是根据板栗的生长发育规律，结合土、肥、水、品种及管理技术措施，按照人们的意志，把栗树修剪成一定的形状，达到生长健壮、优质、高产的目的。

整形：根据板栗植株自然生长发育特性、当地的自然条件和栽培技术，人为地将板栗培养成某种理想的形状。

修剪：在整形的基础上，继续维持丰产树形，调节生长和结果的关系，控制板栗生长和结果的均衡，保证连年丰产。

整形修剪的优势包括：①培养牢固的骨架；②提早结果，延长结果年限；③消灭大小年结果现象；④通风透光好，病虫害少；⑤提高产量，节省人力。

（一）整形修剪的依据

1. 自然生长状况 河北省板栗整形采用的主干疏层形，干高0.8～1米，一般分为3层，第一层2～3个主枝，第二层2个主枝，第三层1个主枝，第一层到第二层60～80厘米，第二层到第三层也是60～80厘米，多年来生长结实很好。山东省采用多主枝自然开心形，干高0.8～1米，无中央干，只是定干后从主干上长出3～4个主枝，在主枝上排列2～3个侧枝，自然开心，生长、结果也

很好。据山东省果树研究所调查，自然开心形比主干疏层形单株产量要高 2～3 倍。

根据我们在陕南板栗主产县的调查，135 株丰产植株，有中央领导枝的只有 29 株，占 21%；无中央领导枝的 106 株，占 79%。当前板栗发展的方向是走集约化栽培的道路，要矮化密植。我们认为以多主枝自然开心形为好。每株树有 3～4 个主枝，每个主枝上左右排列 2～3 个侧枝。树冠紧凑，通风透光好，结果早，产量高。

2. 品种特性　各个品种有其不同的生长特性。有的品种生长势强，枝条分枝角度小，修剪时要注意开张角度；有些品种枝条软、角度大，要适当抬高角度，留向上生长的芽子，或者留角度小的枝条。萌芽力、成枝力不同修剪方法也不同，萌芽力、成枝力强的要适当轻剪；萌芽力、成枝力弱的适当重剪，促进萌芽成枝。

3. 自然条件和栽培管理水平　土壤、气候、栽培管理技术不同，采用的整形修剪技术也不同。在气候温和、雨量较多、土层深厚、土壤肥沃的地块里长的板栗，一般生长旺盛，树冠较大，整形修剪时宜采用大树冠，定干要适当高一点，侧枝与侧枝之间的距离要适当大一些，在修剪时要多疏枝，轻短截，促进开花结果。在土壤瘠薄的山坡地或沙滩地以及干旱、风大等环境条件差的地区，影响板栗的生长发育，一般树势较弱，整形修剪时应采取矮干，小树冠，侧枝之间的距离要适当缩小，修剪量适当偏重，多短截，少疏枝，促使每年有一定的生长量，保证连年结果和延长植株结果寿命；另外，栽植密度和管理水平与整形修剪也有一定的关系。密植园与稀植园的植株相比，冠高、冠径要适当小，主枝数目要适当少。管理水平对板栗的生长影响很大，管理跟不上，整形修剪的作用也显示不出来。

当自然条件或栽培技术发生变化时，整形修剪也要相应地变化，这些问题都要考虑到，否则会给生产造成损失。

（二）整形修剪的原则

1. 合理定干 板栗定干的高度，对生长和结果有一定影响。必须根据环境条件决定定干的高度。气候寒冷、干旱和土壤瘠薄的山地宜采用矮干；高温多湿、土层深厚、土壤肥沃的地方宜采用高干。生产实践证明：矮干比高干更有利于生产。

第一，矮干缩短了地上部和根系之间的距离，可以加速地上部和地下部水分、养分的交换，板栗植株的各个器官能及时得到生长、发育所需要的水分和营养物质，生长旺盛，结果早，产量高，寿命长。

第二，矮干可使幼树很快地形成树冠，提早开花早结果。

第三，矮干树树冠能更好地遮蔽树干和地面，调节温度，减少日烧病的危害及地面水分蒸发，有利于保墒，同时因树冠小，不易遭受风害。

第四，便于进行树体管理。矮干树便于整形修剪、防治病虫、疏花疏果、果实采收等田间操作，提高了工效，节约了劳力。

第五，矮干小冠栽植可以充分地利用空间，有利于合理密植。

矮干树的缺点是土壤管理和机械操作不方便，若在高温多雨的地区，树膛内容易形成郁闭，通风透光不良，容易发生病虫害。

一般高干型的板栗树为1.3～2米；中干型的树为0.7～1.2米；低干型的为0.4～0.6米；灌木型的为0.3米以下。板栗丰产园一般定干高度在0.8～1米为宜，房前屋后、地边栽植的可高一些，以1.3～1.5米为宜。

2. 主枝数目、层间的距离及从属关系 主枝数目要适当，不宜过多或过少。主枝数目过多，往往造成大枝多，小枝少，通风透光不良，病虫害严重，内膛枝枯死，结果部位外移，产量低。主枝数目过少，虽然通风透光好，但对空间的充分利用不够，减少了同化面积，营养物质积累少，在一定程度上也影响产量。

在整形修剪过程中，构成树冠的各部分要保持一定的从属关系。主枝必须比侧枝生长势强，侧枝要比主枝留得短一些，生长势

弱一些。同一株树，各级主枝的高度，基本上要在一个平面上，同一级侧枝的高度基本上在一个平面上。各级主、侧枝主次分明，层次清楚。保持树势生长均衡，构成一个匀称的骨架，避免各部分互相竞争，为植株丰产创造良好的条件（图 7–1）。

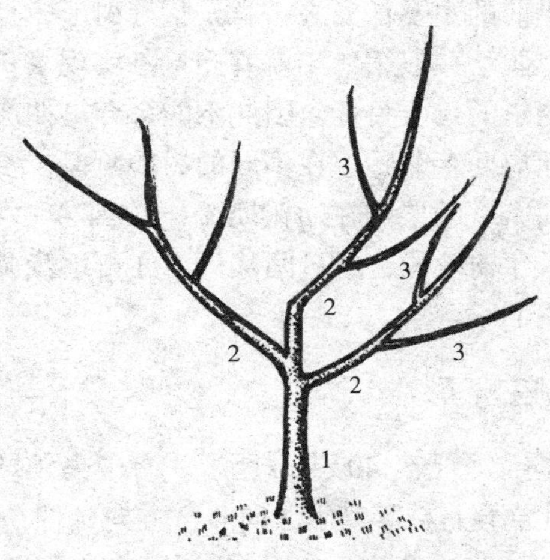

图 7–1　主、侧枝选留示意图

3. 主、侧枝分枝角度　主枝与主干、主枝与主枝、主枝与侧枝之间所夹的角度，对树体的结构、生长和结果都有密切的关系。一般角度小，枝条趋于向上生长，生长势强，容易破坏各主枝之间的从属关系，主枝与主干或主枝与侧枝之间角度太小，主枝和侧枝粗，生长过程中容易将二者之间的树皮夹在分叉处，形成自然裂缝，遇大风或果实重量负载时，容易劈裂。

枝干或枝与枝之间的夹角在 60° 左右时，在枝干加粗生长的过程中，由于下部的木质部生长分叉处的树皮向上推，不会夹入两枝间的木质部内，结构坚固，不易劈裂。既抗大风，又能承受丰产年份果实的重量，更重要的是生长不会太旺盛，有利于开花结果。

枝干或者主枝与主枝之间角度过大，生长势衰弱，稍有产量主枝便会下垂。

二、常用树形及整形修剪要点

板栗实生繁殖、分散稀植的传统栽培方式，一般 8 年以后才进入结果期，结果前的主要任务之一就是整好树形，打好骨架。而计划密植栽培的栗园，一般第二年就有产量。实现早实、高产、稳产是一切经营者追求的首要目标，因此不能舍弃早期产量而单纯追求树形的完美，而应两者兼顾。在不同的树龄阶段，要因树做形，不要强求一律。高密度的栗园在幼树期（1～6 年）一般采用丛状形、自然开心形；成年树阶段，经过间移后，亦可逐步调整演变为小冠疏层形或变侧主干形。

（一）变侧主干形

1. 树体结构 主干高 40～50 厘米，有中央领导干，全树主枝 4 个，在中央领导干上错落着生，向 4 个方向延伸；各主枝间隔 50 厘米左右，主枝开张角度为 45°～50°。每个主枝留侧枝 2～3 个，第一侧枝距中央干 50～60 厘米，第二侧枝距第一侧枝 40～50 厘米，树冠高度控制在 3～3.5 米（图 7–2）。

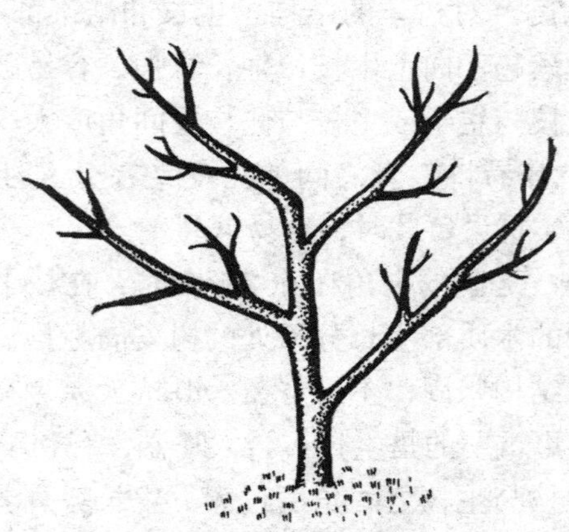

图 7–2 变侧主干形示意图

2. 树形特点　该树形的优点是光照良好，结果面积大，成年树产量高，骨架牢固；缺点是早期产量较低。适用于 1～2 年生砧木嫁接或直接定植嫁接苗的中、低密度园。

（二）自然开心形

1. 树体结构　主干高 35～50 厘米，不留中央领导干，全树 3 个主枝，各主枝间距 25 厘米左右，开张基角 55° 左右。各主枝着生侧枝 2～3 个，主、侧枝着生保持 50 厘米左右的错落间隔，侧枝开张角度稍大于主枝。冠高控制在 2.5～3 米。

2. 树形特点　树冠展开，光照良好，结果早，幼树期累计产量较高，便于管理。用 3～4 年生砧木嫁接建园，每一截面接 2 个接穗时，易成此树形。缺点是结果面积较小。适用于高密度园幼树期（图 7–3）。

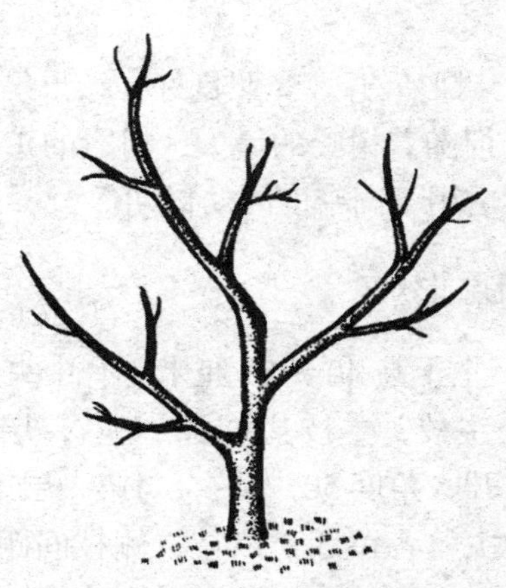

图 7–3　自然开心形示意图

（三）丛 状 形

1. 树体结构　主干高 10～30 厘米，不留中央领导干，全树主枝 4～6 个。主枝内距 20 厘米左右，主枝伸向四方，开张角度为

30°～45°；每一主枝有侧枝2～3个，侧枝间距约50厘米错落间隔，侧枝开张角度应大于主枝。树冠高度控制在2～2.5米。用5年生以上砧木嫁接建园，嫁接部位离地面20厘米以下，每一截面接2个以上接穗时，多数会自然生长成丛状形树（图7–4）。

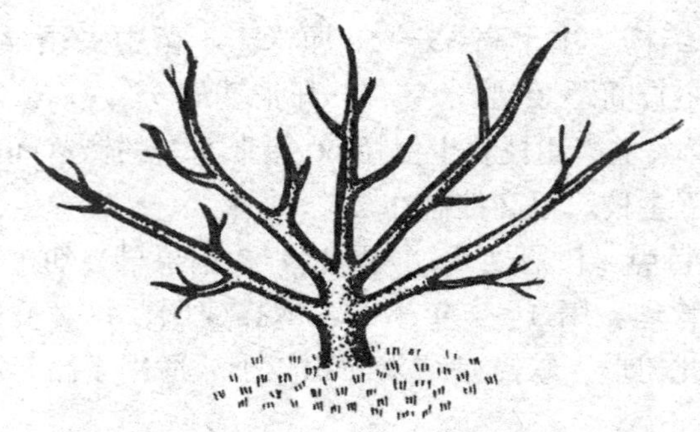

图7–4 丛状形示意图

2. 树形特点 树形展开，光照良好，结果早，幼树期累计产量最高，便于管理。但随着树龄的增大，树冠的扩展，主枝抱合向上生长，产量降低。适用于高密度园幼树期。

（四）小冠疏层形

1. 树体结构 主干高40～50厘米，有中央领导干，全树5个主枝；第一层3个主枝，主枝基角60°左右，层内距15厘米左右；第二层主枝2个，开张角度50°左右，与第一层第三主枝间距80～100厘米。第一层主枝各留2个侧枝，侧枝间距40～60厘米，错落间隔，开张角度60°～70°。第二层主枝各留1～2个侧枝，树冠高度控制在3～3.5米（图7–5）。

2. 树形特点 该树形的优点是分层透光，结果面积大，成年树产量高；缺点是早期产量较低。适用于1～2年生砧木嫁接的中、低密度园和高密度园经间移后的保留株（永久株）。

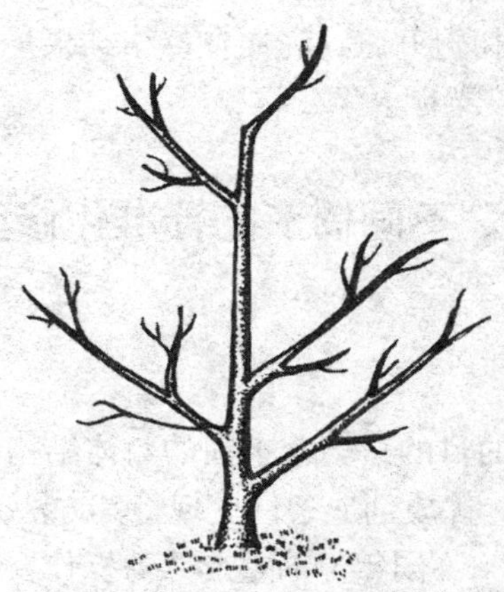

图 7-5 小冠疏层形示意图

（五）纺 锤 形

1. 树体结构 主干高 40～50 厘米，有中央领导干；全树有 7～8 个骨干枝，从主干往上螺旋式排列，间隔 40 厘米左右，插空错落着生，均匀地伸向四面八方。同方位上下两个骨干枝的间距为 1 米左右，骨干枝与中央干的夹角为 80° 左右；在骨干枝上直接着生结果枝组，树冠高度不超过 3 米（图 7-6）。

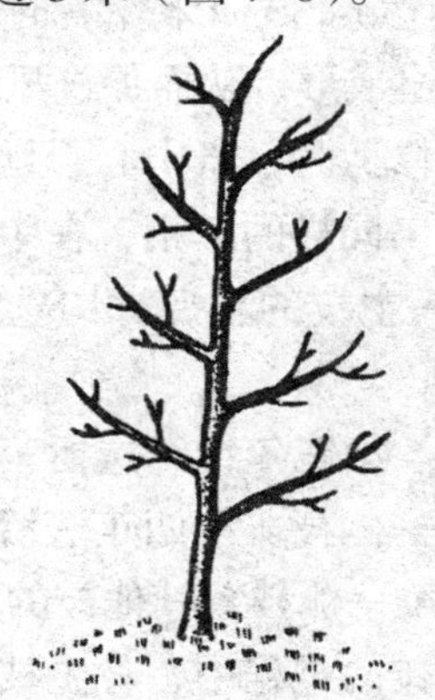

图 7-6 纺锤形示意图

2. 树形特点 树冠开张，光照良好，结果早，树冠容积大，产量高，适用于高密度栗园。

三、不同树形的标准化修剪

（一）幼　树

幼树整形修剪的目的是培养牢固的树体结构，便于管理，为早结果、高产、稳产、优质创造条件。现将其方法介绍如下。

1. 变侧主干形 不同年份的整形修剪操作要点如下。

（1）第一年 于苗木的 55～65 厘米处短截或摘心定干。从剪口下抽生的几个强枝中，选直立强壮的作中心领导干的延长枝，角度大、生长较旺的作第一主枝的延长枝。建在斜坡地的栗园，第一主枝应选在斜坡的下方。修剪时，第一主枝延长枝长至 80 厘米左右时，摘心或剪去 1/5，以促生第一侧枝。主枝延长枝的竞争枝，生长在同侧的，拉枝改变方向，加大角度，以促进翌年结果；生长错落的，在 30 厘米处摘心，抽生分枝后，再于 25 厘米处摘心，根据其长势 1 年可摘 2～4 次，一般翌年都能结果。对其他萌生的新枝一般不动，待其长度达到 30 厘米左右时摘心，使其既成为主枝的辅养枝，又能加速树冠成形，从而促进早结果。

（2）第二年 早春修剪时，将中心干延长枝和第一主枝的延长枝短截，截后顶端抽生出同样的旺梢，在中心干延长枝距第一主枝 50～60 厘米处，与第一主枝的相反方向选留第二主枝。其他枝的修剪方法与上一年相同。

（3）第三、第四年 第三年继续选留第三主枝、第一主枝的第二侧枝和第二主枝的第一侧枝。第四年选留第四主枝、第二主枝的第二侧枝和第三主枝的第一侧枝，其他枝的修剪方法与上年相同。

在整个选留主、侧枝的过程中，各主枝的方位要彼此错开，上下相互不重叠。主枝间距开张角度、侧枝的距离等按该树形树体结果的参数确定。

（4）**第四、第五年**　主、侧枝均已基本形成，达到树冠预定控制高度时，要剪除中心枝，只保留 4 个主枝。以后年度的修剪主要是综合运用多种修剪方法，回缩主枝延长枝和顶端枝，控制树冠的过度扩展，疏除重叠、交叉、并生、过密、细弱枝，改善光照；调节结果母枝的留量，保持稳产高产。

2. 自然开心形　整形修剪操作要点：苗木嫁接后，长至 50～60 厘米时摘心定干，定植嫁接苗的在 50～60 厘米处剪截定干。从剪截部位以下的芽发出的强旺新梢中，选择角度适当、发育均衡、上下错落排列的作主枝。如因间距过小或方位错落不均衡而选不出 3 个主枝时，可在最强旺新梢上再摘心，从抽生的新枝中再选。第一年早春修剪时，对确定的主枝在 50～60 厘米处短截，同时选留侧枝；对第二、第三年主枝延长头剪去全长的 1/3 左右，同时选留侧枝，使侧枝在主枝上呈"推磨式"分布，侧枝间距 40 厘米左右。

在幼树阶段对竞争枝及萌生的其他枝尽量保留，采用摘心、拉枝等方法，促其结果；待无空间时，逐步回缩，如过密时疏除一部分。

3. 丛状形　整形修剪操作要点：用大龄砧木嫁接成活后，一般能生长出 4～6 个旺盛的新梢。如果人为强行进行单干、双干或三干的整形，强度修剪，会大量减少树冠体积，减少结果母枝量，降低产量，对早实丰产极为不利。因此，应利用其自然形状，把旺梢作为主枝培养。当各新梢长至 30 厘米左右时，及时摘心；新生分枝再长至 25 厘米左右时再摘心，第一年一般摘 3～4 次，形成小树冠。第二年主枝延长头短截全长的 1/4 左右，促其延伸，并适时摘心。对其他分枝，促其结果；对未结果的发育枝、雄花枝，在夏季短截。第三、第四年修剪方法与第二年相同。各年度早春修剪时，对延长头短截；对结果枝在饱满芽上方进行轻短截；疏除主枝下部的细弱枝以及过密、重叠、并生等难见阳光的枝条。在树冠覆盖率达到 70% 左右时（一般在第 4～5 年），在永久株中注意选择生长相对直立、位置相对居中的主枝作为间移后逐步调整演变为有中心干树形的中央领导干来培养。

4. 小冠疏层形 整形修剪操作要点：不同年份的整形修剪操作要点如下。

（1）第一年 定干高度60～70厘米，摘心或剪截定干。剪口下选一直立新梢作中央领导干延长枝。再选方位错落，方位角约为120°的3个新生侧枝作第一层主枝。如主枝选不够3个，可在层内距合适的方位再摘心或剪截。8～9月份将培养的3个主枝的新梢开张角度（用撑或捋的方法）调整到60°。其他新梢达到30厘米左右时摘心，摘心后抽生的分枝长至30厘米左右时，连续摘心，直至9月份摘除各类枝的秋梢，以促其充实。

（2）第二年 早春修剪时，中心领导干延长枝和3个主枝留60～65厘米剪截，对上一年摘心不及时而生成的长发育枝一律拉平，其他枝基本不动，促其结果。新梢生长期，在中央领导干延长枝上选一直立生长的新梢继续培养成中干延长枝；在第一层的3个主枝上，距基部50厘米左右处选一强壮新梢培养为第一侧枝，如果此处没有理想的强壮新梢，可在其上方2厘米处刻伤促其转强。对中心干和主枝上着生的其他分枝，已结果的，果前梢夏季留3芽摘心；雄花枝留基部芽或在盲节以上顶端留3～4芽短截；发育枝仍仿效第一年的做法连续摘心。9月份摘除各类枝的秋梢。

（3）第三年 早春修剪时，对中央领导干延长枝和第一层3个主枝延长枝留60厘米剪截，对上一年因摘心不及时而长成的长发育枝一律拉平，其他枝基本不动，促进结果。新梢生长期，在中央领导干延长枝上选一直立生长的新梢继续培养中干延长枝。夏季在距第一层第三主枝1米左右处，选2个较强的侧生新梢培养第四、第五主枝。8～9月份，对第二层2个主枝的新梢开张角度，用撑或捋的方法调整到50°左右。对第一层和第二层主枝上的侧枝延长梢，将其开张角度分别调整为70°和55°。9月份剪除各类枝的秋梢，对其他各类枝按第二年的做法摘心、短截。

（4）第四年 早春修剪时，中央领导干、第一层主枝及其第一

侧枝的延长枝均不动；第二层主枝和第一层主枝的第二侧枝的延长枝，留50～60厘米剪截。将第二、第三年已结果枝的下部细弱枝疏除。其他各类枝抽生出的新梢，仿效第三年的做法摘心、短截。

经过4年整形修剪，树体结构已基本上达到预定目标。成形后的修剪重点要放在控制冠径、控制树高和调控结果母枝量。对中心干和主枝上的临时性结果枝组，将影响上下光照的回缩到不影响处；将过密的疏除一部分，以保持层间通风透光。

5. 纺锤形　整形修剪操作要点，分为以下3种枝干的培养。

（1）中央领导干的培养　定干高度70厘米左右，中央干直立生长。第二年早春修剪时，中央干延长枝剪留3/4长度或剪留70厘米左右长度；第二年、第三年早春修剪时，中央干的延长枝剪留40～50厘米；第四、第五年树已成形的，中央干不再短截。当骨干枝已选够时，可开心落头，树冠高度不超过3米。

（2）骨干枝的培养　每年在中央干上选留2个骨干枝。在新梢停长时，如长度已长至1米以上，则将其拉至60°～70°。不到1米的暂不拉枝，待长够1米以上长度时再拉。当骨干枝已经选够后，要用“三套枝”修剪法控制其延伸，对延伸过长、造成树冠交接的，要及时回缩。

（3）结果枝组的培养　骨干枝拉枝后，其上着生的芽必然要大量萌发。在营养充足、光照良好的条件下，所抽生的新枝有一部分可以成为结果枝，在每一骨干枝上根据栽植的株等距，可选留结果枝组3～5个，间隔40厘米左右，夏季摘心或短截，以促其分枝，培育成结果枝组。对其余的结果枝，在不影响结果枝组长的前提下，可保留使其结果。结果枝组一旦结果，就用“三套枝”修剪法控制其延伸，以保持骨干枝层间有良好的光照。

此外，要做好有害枝的疏除工作。对中央干的竞争枝、骨干枝上影响结果枝组的枝、内膛徒长枝、重叠枝及已经结果但无生长位置的枝，要及时疏除，以确保树冠内部通风透光，防止内膛光秃，结果部位迅速外移，稳定产量和树势。

（二）结果树修剪

对结果树修剪要随树整形因枝修剪。修剪时要采用集中和分散的修剪方法，调节水分和营养物质的分配，改善光照条件，解决生长与结果之间的矛盾。

1. 分散与集中修剪法 分散与集中修剪法要掌握“因树修剪，看芽留枝”的原则，做到“三看”：一看地，山地还是平地、土层薄厚、土质肥瘦、肥水条件好坏等。二看树，看树的品种、树龄、树势强弱等。三看结果枝，看芽子的种类、数量，雌花芽的多少等。

山地，土层瘠薄，肥水条件差，树势弱，结果母枝少，细弱枝多，则应采取集中法修剪，反之则采用分散法修剪。

（1）分散修剪法 就是在强树旺枝上多留一些结果枝、发育枝、徒长枝和预备枝，分散其营养，以缓和树势、枝势达到培养结果母枝的目的。

强树旺枝顶端只有1个结果母枝，在其下方再留1～2个预备枝，加强培养，使其分散树体营养，缓和树势、枝势，逐步形成结果母枝，增加产量。

（2）集中修剪法 在弱树弱枝上，通过疏剪和回缩，使养分集中在保留下来的枝条上，促使其由弱变强，形成较强壮的结果母枝。

2. 枝组修剪

（1）缩剪 多年生结果枝组，结果多年，结果部位外移，基部光秃，生长变弱，很少结果，应从较好的分枝处缩剪，培养新的枝组，抽生出健壮的结果母枝。

（2）疏剪 为增强先端结果母枝的生长势，对下部的细弱枝适当疏剪，使养分集中复壮；相反，若树壮枝旺，除保留顶部结果母枝外，在其下方还可选留1～2个结果母枝，以分散养分缓和枝势，有利结果。

3. 利用和控制徒长 树冠内多年生隐芽，经过刺激而萌发的一

年生徒长枝，可以控制利用，其方法是：

（1）**选留的依据**　树冠内的徒长枝，不得全部保留，要看具体情况而定。群众的经验是“四留，四不留”。即：老树结果树留，幼树不留；弱树留，强树不留；有空间留，无空间不留；在侧枝中上部留，基部不留。

（2）**选留的数量**　过多过密影响主、侧枝向外延伸，树冠郁闭，通风透光不良，这就达不到立体结果增加产量的目的。一般要求同一侧两徒长枝间距为 60～80 厘米，同一部位只留一枝，最多不超过 2 个枝。当徒长枝过多时，要选择方向好、斜侧生而生长充实的加以培养和利用，其余枝应及早疏除，防止养分消耗。

（3）**控制徒长枝**　徒长枝有丛生、直立和徒长的特性，其自然生长常会出现树上长树，因此必须加以控制。其方法是：①改变枝条角度。②利用摘心。冬季短截促生分枝，缓和树势，对有分枝的枝条可于 30 厘米以上分枝处回缩。当徒长枝改造成结果枝后，连续结果变弱，应回缩复壮。

（三）老树更新

老树更新修剪板栗树的寿命很长，实生树生长到 80～100 年后才开始衰老，嫁接树径 40～50 年开始衰老，当然这不是绝对的。栽培管理条件差，病虫害严重都会加速树体的老化。衰老树表现 1 年生枝条抽生不出来或很短，梢干枯，树冠残缺，结果枝发育枝极弱，不能继续结果，产量极低。

板栗的更新能力很强。即使大部分枝条枯死，或者树干已老朽，仅留下部分有生活力的树皮，只要上面有徒长枝萌发，就能重新发育开花结果。

当枝头出现大量细弱枝和枯死枝时，表明该枝已变弱，应及时更新。回缩更新一定要回缩在分枝处，剪锯口要平，不要留残桩，防止不愈合而造成腐朽劈枝现象。更新修剪实际上从盛果期就开始，年年有更新，枝枝有更新，逐年回缩。更新的方法有以

下几点。

第一，更新程度要根据每一个枝的生长情况而定。对于非常衰弱、已不能抽生结果枝的枝条必须回缩到有徒长枝处，或由隐芽萌发出的发育枝的地方，以便利用徒长枝或发育枝重新培养骨干枝。对于尚能结果的枝条，要疏剪纤细枝、病虫枝以及过多的枝，促使养分集中分配。

第二，周围比较空旷的栗树，除了主枝极衰弱不能结果必须缩剪外，凡是还能结果的主枝，不要随便回缩，应该尽量利用空间，使其再结果，以免影响产量。在这种情况下，应压缩树头，即剪去树冠顶部的部分枝条平衡树势。

第三，极弱老的树更新宜分年进行。第一年先更新1～2个大枝，第二年再更新1～2个大枝，可以边复壮边结果。

第四，老树愈合能力弱，处理大枝时要留4～6厘米的木桩。木桩断口用刀削平，防止因不愈合而造成朽心和影响树势。

第五，老树更新主要利用徒长枝。由于老树的树冠残缺不全，因此在空旷处可以利用主枝基部生长势不过强的徒长枝，培养成新的骨干枝。

四、冬剪、夏剪的标准化实施

（一）整形修剪时期

1. 冬季修剪　板栗落叶以后到翌年春季萌芽以前进行的修剪叫冬季修剪。冬季修剪进行的早晚主要取决于树种、品种、当地的严寒程度及寒冷的时期。冬季修剪过早过晚都不好，只有在营养储藏期间（当地最冷的月份），营养物质储藏在树干和根部，枝条中含营养物质最少时修剪，营养物质损失最少，修剪后，植株生长最旺盛。

2. 夏季修剪　植株萌芽后到落叶前进行修剪，统称夏季修剪。

夏季修剪是对冬季修剪的一种补救办法。另一方面夏剪又是为当年冬季修剪做准备。

（二）整形修剪方法

1. 冬季整形修剪　冬季整形修剪是板栗园管理的主要措施之一。其中心任务是修整树形，调节果树生长和结果的关系。冬季修剪采用的主要方法有：疏枝、短截、缩剪、刻伤、开张角度、圈枝等。

（1）短截　短截就是把较长的枝条剪去一部分，还保留一定的长度。短截对枝条生长有局部的刺激作用，短截后能刺激剪口下腋芽萌发，促进分枝，增加新梢生长量和分枝数目，扩大树冠叶面积。短截越重，抽枝数目越多，生长越旺。用这种方法可以缩小树冠的体积，使树冠变得紧凑。

在幼树和旺树上短截，抽枝多，生长旺，养分消耗多，植株不易形成花芽，开花结果晚。所以，短截有利于营养生长，但对开花结果有抑制作用。根据短截的程度不同，可分为 3 类：①轻短截：剪去枝条的 1/3～1/4。②中短截：剪去枝条的 1/2。③重短截：剪去枝条的 2/3。

这种短截的程度仅仅作为我们整形修剪时的参考，不能完全根据这个标准机械对待。在实际操作时，短截必须根据板栗品种、树龄及生长情况来决定。

短截的程度不同，对生长结果的影响也有明显的差别。短截越重，对剪口下的芽刺激越大，萌芽力、成枝力及生长势就越强。由于剪口附近营养枝的旺盛生长，消耗了大量营养，营养枝以下的芽因营养缺乏，不能萌发；反之，当轻剪时，局部的刺激作用较小，剪口附近的芽萌发形成的枝条生长势较弱。但是芽子萌发数目多，下部多生长出弱小的短枝，容易开花结果。中剪的效果介于二者之间，在此不再详细叙述。

短剪的效果也不完全决定于短截的程度。芽的质量，品种的萌芽力、成枝力对修剪后的生长趋势也有很大的影响。枝条上的芽是有异质性的，如果剪口芽的质量很差，虽然位于顶端也不会生长出强壮的枝条，而下部质量好的芽子却能长出强壮的枝条。所以，短截还要考虑枝条上芽的异质性。

（2）**疏枝** 修剪时将枝条或较大的枝从基部全部剪除叫疏枝。主要疏剪病虫枝、衰老枝、过密枝、交叉枝、徒长枝和过时的辅养枝、把门侧枝等。疏枝可以削弱剪、锯口以上附近枝的生长势，增强剪、锯口以下枝的生长势。剪口、锯口越大，这种作用越明显。对旺树的旺枝和密枝疏剪后，树体通风透光条件变好，增强了养分的积累，有利于花芽形成和开花结果。

在实际整形修剪时，可根据品种的生物学特性、树龄和生长情况决定疏剪的程度。主枝上不要过多疏枝，宜造成伤口过多，削弱主枝的生长势。幼树少疏枝，多留辅养枝，可以增强树势，提早结果。生长衰弱、短枝过多的树，要进行短果枝群疏剪，促进一部分营养枝形成，调节营养生长和结果的关系。

（3）**缩剪** 缩剪指在多年生老枝的适当部位留 1 个健壮的侧生分枝而将上部剪去。将过长的枝由外向里剪截叫回缩。由上向下剪截叫压缩。一般复壮树势，必须缩短枝条的长度，使其更靠近骨干枝，在缩剪时减少了大量的枝数，使留下的枝可以得到充足的水分和养分，生长势增强，生长良好。

对一些衰老树，要重新缩剪，刺激剪口或锯口下抽出徒长枝，重新形成树冠，以恢复结果能力。

（4）**刻伤** 春季萌芽前，在枝或芽的上方或下方，用利刀横刻皮層，形成如眼目状叫刻伤，也叫目伤。在枝或芽的上部目伤，能阻止从根部吸收的水分和养分向上运输，使目伤以下的芽子或枝条得到充足的养分，促进萌生，形成健壮的枝条；在枝或芽的下部目伤，能抑制目伤处上面的芽或枝条的生长，有促进花芽形成或枝条成熟的作用。因此，要想在主枝的某一部位长出侧枝，应在芽的上位目伤；要想缓和某一枝条的生长势或使它形成花芽时，应在芽或

枝的下位目伤。

（5）**开张角度** 骨干枝开张角度对幼树、初结果树特别重要。角度开张的树，树冠大，有利于早结果、早丰产。常言道:“角度太小不开张，枝条不多密得荒”、“开张枝多不显密，树膛透光增效益”。常用的开张角度的方法有以下几种。

①拉枝 用草绳、葛藤、麻绳等物，下端拴在石头、砖头或木桩上埋入地下，上端拴上木钩或垫上破麻袋片拴在要开张角度的主枝中部，将主枝基部的角度拉开。经过一个生长季节，待角度基本上固定以后，再解去拉绳。拉枝时要注意以下两点：一是防止劈裂。基角过小、结构不牢固的大枝，先把基部绑扎好再拉。或用一只脚蹬住主枝基部，两手攀拉，逐步加大角度，拉时要慢，防止劈裂。二是绳子不能拴到主枝上部，要拴在主枝中部，以防拉主枝时主枝中部向上拱腰，造成腰角偏小，冒条现象，或主枝上部折断。

②撑枝 用木棍将主枝的角度撑开。撑枝的缺点是木棍的顶端容易把主枝的皮顶伤。

③里芽外蹬 主枝或侧枝顶端角度小，剪口芽抽梢又直又旺。为了增大角度，冬剪时剪口芽留里芽，翌年抽梢后，剪口芽直立旺盛，剪口下第二芽向外斜生，下一次修剪时把第一个枝剪掉，留剪口下第二个斜生枝作为延长枝。如果生长很旺，第一、二个枝都直立，可把上面两个枝都剪掉，留第三个枝作延长枝。

④利用背后枝换头 如果用上面说的各种方法都不能达到目的，可以用背下枝换头开张角度。就是把原来的延长枝剪去，将背下枝留作延长枝。换头时要注意，如果原头和背下枝生长势差不多，可以把原头一次剪去（一次换头法）。如果选用的新头过小，应一面培养新头，一面削弱原头，待新头和原头生长势差不多时再彻底去掉原头（多次换头法）。

（6）**圈枝** 把生长旺盛的长枝条弯曲绕成圆圈叫圈枝。圈枝可以缓和生长势，促进花芽分化。圈枝有把徒长枝或发育枝转变成结果枝的作用。

2. 夏季修剪 果树在冬季修剪的基础上，在生长季节里再进行的一种辅助性修剪。

（1）夏季修剪的作用 ①通过摘心修剪，促进萌芽抽枝，能迅速扩大树冠，平衡树势，加速整形。②缓和树势，促进花芽形成和提高坐果率，有利于幼树早结果、早丰产。③克服大小年结果现象。④改善光照条件，促进枝条成熟，提高抗寒能力。

（2）夏季修剪应注意事项 ①修剪要适时。修剪时间必须适时，过早、过晚修剪效果都不显著，严重的还会给生产造成损失。②夏季修剪宜在生长旺盛的树或过于密闭的树上进行。③生长势衰弱的树一般不宜夏季修剪。

（3）夏季修剪的方法

①摘心和剪梢 在生长期间摘去嫩梢的生长点叫摘心，剪去嫩梢的一部分叫剪梢。摘心和剪梢都能限制枝条的延长生长，减弱枝条的生长势，增加营养物质的积累，促进结果枝的形成和花芽分化，对某些生长旺盛的树摘心可以提高坐果率。坐果以后摘心可以促进果实膨大，提早成熟。还可以使枝条生长充实，有利于越冬，为第二年的丰产打好基础。

摘心能够调节生长势，减弱竞争枝及无用枝的生长，节约养分，并辅助冬季修剪，也有利于整形。摘心和剪梢可以促使二次萌发抽枝，可以加速树冠形成。如板栗幼树生长健旺，新梢1年可以长到1米以上，冬季修剪时大约只留40厘米，把上面的剪去。如果在6月上旬新梢长到40多厘米时摘心，大约过2周，下边的芽子就会萌发长出新的枝条，一般可长出2～4个枝条，到冬季仍然可以长到60厘米左右，足够冬季修剪时需要。这样1年的生长量相当于平时树冠2年的扩大量。

摘心剪梢的时期不同，作用也不同。为了平衡强弱枝之间的生长势，对强枝的摘心、剪梢应该在营养生长初期进行，为了加快整形，促使二次枝的萌发，应该在新梢长度已经达到冬季修剪时所需的长度时进行；为了利用二次枝结果，在一次枝生长尚未结束时摘

心，为了使新梢发生侧花芽，应在侧芽没有萌发时尽早摘心。为了防寒，使新梢在严寒前及时木质化，应该在生长结束前1个月左右摘心。

②抹芽和疏枝　着生位置不当或过密的芽或枝容易造成树冠郁闭，通风透光不良，消耗营养，病虫害严重。这种树应对多余的芽在萌芽后及时抹除，或长成嫩梢及时疏除。

③目伤　夏季修剪目伤与冬季修剪目伤的方法和作用相同，在此再不重述。

④环状剥皮　剥去枝、干上一定宽度的环状树皮，叫环状剥皮。其目的是阻碍叶片制造的营养物质向树干及根部运输，增加枝芽中有机物质的积累，促进花芽形成，提早开花结果。也可以促进果实膨大，促进早熟和提高果实的品质。环状剥皮的宽度以当年能愈合为好。一般宽度是枝粗的1/10。环剥过宽，当年不能愈合，造成环剥部位以上枯死。环剥的宽度还要根据树的生长势而定，生长势强、健旺的树稍宽一点，生长势弱的树稍窄一点。环剥只能在辅养枝上进行，一般不要在主枝和主干上进行。

⑤倒贴皮　像环状剥皮一样在枝、干上环剥一圈（宽度可大一点），把剥下的一圈皮倒贴到环剥下来的位置上，用塑料带绑住，待愈合后解下塑料带。其效果和环状剥皮相同，比环状剥皮要安全得多。

⑥扭梢　5月下旬到6月上旬，对树冠上生长的半木质化的直立枝、徒长枝、竞争枝，在距基部4～6厘米拉直扭转180°，使木质部、韧皮部受伤（不能折断），到秋季受伤的部位愈合，可以抑制枝条生长，促进花芽形成。

⑦圈枝　把长放的细长枝打个圆圈，有利于形成短枝和花芽分化。

⑧曲枝　把长放的直立枝条拉平或弯曲下垂，也能缓和生长势，促进花芽形成。

⑨开张角度　在生长季节里枝比较软，角度容易开张。角度增

大能缓和树势，改善通风透光条件，促进花芽形成。开张角度一般在4月上旬到6月下旬用撑、拉、别等方法使其角度开张到60°左右。

（三）整形修剪具体操作及注意事项

1. 整形修剪操作技术

（1）修枝剪的使用方法 修枝剪要正拿，剪刀刃向下，剪砧向下。剪小枝时，剪口要顺着树枝叉的方向或侧方向剪，这样不但省力，而且伤口平滑。剪较粗的枝时，最好是右手捏剪子，左手将枝向着剪砧的方向向下推，左右手要同时用力配合好，枝既容易剪下，又不至于将修枝剪用坏。

1年生枝剪口的状况，对发枝影响很大。如果剪口芽上面留得过长，容易形成死桩，影响新梢的生长；如果剪口过于贴近剪口芽，不但易伤芽体，而且剪口截面易于收缩，影响剪口芽生长。正确的剪法：从芽的背面下剪，剪成45°角的斜面。斜面的上端和芽的顶部平，剪口的下端与芽子的基部齐。

（2）手锯的使用方法 剪不下的大枝要用手锯锯。在锯大枝时最好先在大枝的下面向上锯1/3深，然后再从上面往下锯。不从下面锯直接从上面锯，往往会因枝梢的重量作用造成锯口劈裂。如果要锯的枝很大，最好分段锯。锯口最好用刀子削平，有条件时涂上保护剂。

2. 整形修剪注意事项 ①提前调查研究。在动手之前，先仔细地看一下，了解品种、树形、生长结果情况。根据整形修剪的要求和原则，确定修剪方案。②修剪程序，先从树冠上部开始，逐渐向下进行。先去多余的大枝，然后去多余的小枝。③工作人员要穿软底鞋，以勉踩伤树枝。④剪下的病虫枝、叶要集中起来烧掉或深埋。⑤多用梯子，少上树，以免压坏树枝、树皮。⑥一株树剪完后再复查1次，防止遗漏。⑦小心操作，注意安全。

第八章

花果管理

一、雄花序的疏除

板栗的雄花量很大。据对成年树的调查，每平方米树冠有雌花簇 15 个、雄花序 230 条，雌花簇和雄花序的比例约为 1∶15。每个雄花序平均有雄花簇 80 个、雄花 480 朵；每个雌花簇有雌花 3 朵，雌花和雄花的比例为 1∶2 400（1 × 3∶15 × 480）。

雄花生长要消耗大量的水分和养分。据河北省科学院生物研究所测定，每个雄花序需消耗水约 45 克，消耗干物质 0.23 克。这样，1 棵冠径为 4 米、树冠投影面积为 12.6 米^2 的栗树，雄花所消耗的水约为 130 升，干物质约为 673 克。可见，疏雄花就是间接浇水与施肥。

疏雄花的时间一般在 5 月上旬，混合花序已经出现之时。疏雄花的数量，对结果枝上的雄花序，应掌握在混合花序下留 1～2 条，其余的疏掉。在保留雄花序时，应掌握在混合花序下留 1～2 条，其余的疏掉。树冠上部留 2 条，树冠下部留 1 条，混合花序上的雄花段要保留，雄花枝上的花全部疏除。这样，保留下来的雄花约有 1 200 朵，再去除 15% 的无效花，雌花与雄花的比例约为 1∶300，已足够授粉用。疏雄花的方法：低冠树随手摘除，高冠大树踏凳、上树、架梯或在树上绑悬梯摘除均可。据试验，疏雄花后与对照比较，每一结果枝上平均着生的混合花序多 5.8%，每条混合花序上

平均着生的雌花簇多9.5%，混合花序的败育率平均少27.2%，每667米^{2}平均产量提高26.6%，其中山坡、丘陵旱地疏雄花后增产43.5%，密植丰产园增产19.4%（表8-1）。

表8-1 疏雄花对雌花生长及产量的影响

栗园类型	处 理	调查株数	调查树品种	每一结果枝平均生混合花序（条）	每条混合花序平均生雌花簇（个）	混合花序败育率（%）	每667米^{2}产量（千克）	比 率
密植丰产园	疏雄	25	金丰	1.64	1.82	6.8	431	119.4
	对照	25	石丰	1.52	1.66	7.6	359	100
山丘旱地园	疏雄	20	金丰	1.28	1.41	12.2	198	143.5
	对照	20	石丰	1.24	1.30	18.5	138	100
合 计	疏雄	45	金丰	1.46	1.62	9.5	314.5	126.6
	对照	45	石丰	1.38	1.48	13.05	248.5	100

二、辅助授粉

在多个优良品种混栽的栗园中，一般无须人工辅助授粉。但是，花期内遇到不良天气，如连续降水或有强干热风，特别是在我国南方，板栗花期正值梅雨季节，花粉难以靠风力和昆虫传播，就需要人工辅助授粉。

（一）采 粉

当雄花序上有70%左右的花朵开放时，就是采花的适宜时期。由于散粉的高峰期在9时以后，所以采花时间应在上午8时左右。采花时要选择多个大粒品种的雄花枝上的花序，采后立即摊晒在铺

有洁净纸张的苇席上。苇席架要离开地面，置于避风、干燥、受光良好的地方。如遇阴雨天，也可放入室内，并用电灯补光。摊晒厚度 3～5 厘米，在摊晒过程中，要经常抖动，当雄花序已晒干时，去掉花轴，用箩筛除花梗、花丝等杂物。再将花粉（多为尚未开裂的花药）碾细，筛除杂质，放入棕色玻璃瓶内待用。花粉在常温下的发芽能力可保持 1 个月左右。

（二）授　粉

雌花开花授粉时期为 10～15 天，授粉的最佳时机是雌花柱头反卷 30°～45°时，授粉时，凡手可触及到的部位，可用毛笔点授；手触及不到的部位，可将 1 份花粉掺入 5～10 份淀粉或滑石粉中，混合均匀后喷粉或装入布袋抖撒授粉。也可在花粉中放入 10% 蔗糖液，再加 0.15% 硼砂，进行喷雾。

三、合理疏果

随着雌花促进技术的综合应用，栗树雌花会大量增加，特别是易成雌花的一些品种，如金丰、中果红皮油栗、青毛软刺等，成棚量一般都过多，有的 1 条果枝成苞量多达 10 余处，往往栗树负荷过重，会因营养不足而造成空苞增加，栗实大小不均，形成大小年结果现象。因此，合理疏苞是十分必要的。疏苞时间应在柱头干缩后，一般是 7 月上旬。每枝的留苞量应依品种、枝势、结果母枝量以及肥水管理水平而定。一般掌握强果枝留 3～4 苞，中庸果枝留 2～3 苞，弱果枝留 1～2 苞。也可以产定苞，每 100 千克坚果每平方米留苞 11～13 个。据对金丰、中果红皮油栗的观察，疏苞后空苞率比对照分别减少 35.6% 和 8.4%，单粒重分别增加 1.92 克和 2.11 克，平均每一结果枝的产量增加 13 克（表 8–2）。

表 8-2 疏苞对 3 年生幼树产量的影响

品种	处理	调查株数	结果母枝（条）	结果枝（条）	保留苞（个）			产量		单粒重（克）
					总数	其中空苞	空棚率（%）	合计（千克）	平均每一结果枝产量（克）	
金丰	疏苞	5	35	62	126	3	2.3	2.35	38	7.35
	不疏苞	5	41	62	219	83	37.9	1.57	25	5.43
中果红皮油栗	疏苞	5	88	139	386	16	4.1	5.2	37	6.41
	不疏苞	5	108	199	586	73	12.5	4.9	24	4.3

四、提高坐果技术

（一）果前梢摘心

当混合花序（雌花序）出完并长至 1 厘米左右时，花序后又长出一段新梢。由于幼叶尚不能累积或很少累积营养物质，而需要其他已成熟的叶片供给营养。这样，果前梢的过量生长就势必与幼苞的发育争夺营养。在果前梢的 3～5 个嫩叶处摘心后，营养集中，可使嫩叶提早 7 天左右成为能累积营养物质的功能叶，从而促进雌花簇增多和幼苞的生长发育。据试验，果前梢留 3～5 叶摘心的栗树，每一结果枝平均结实栗苞为 2.5 个，比对照（2.27 个）增加 10.1%；空苞率比对照低 4.65%；平均株产比对照高 11.1%（表 8-3）。

表 8–3　果前梢摘心对坐苞及结果的影响

品　种	处　理	调查株数	第一结果枝平均栗苞数（个）	空 苞 率（%）	平均每株产量（千克）
金　丰	3～5 叶摘心	24	2.46	5.6	2.07
	不摘心	26	2.27	9.0	1.86
石　丰	3～5 叶摘心	19	2.54	4.3	2.82
	不摘心	13	2.27	9.1	2.53
合　计	3～5 叶摘心	43	2.5	4.95	2.45
	不摘心	39	2.27	9.6	2.2

据果前梢全部摘除的试验观察：第一年每一果枝的平均着苞量虽多于留 3～5 叶的摘心树，但平均单果重少 1.5 克，翌年产量锐减，隔年结果现象严重，3 年累计产量比正常低 40%。由此看来，除作为调节母枝量的一种手段外，在生产中不宜普遍采用果前梢全部摘除的做法。

（二）环剥倒贴皮

环剥倒贴皮是指将韧皮部剥离一环，中断有机物向下运输，在一段时期内破坏了上下部新陈代谢系统，暂时增加了环剥处上部碳水化合物的积累，使生长素含量下降，从而促进多成花、多结果。在板栗旺树和直立旺枝上应用环剥倒贴皮，有显著的增产效果。具体方法是：9 月上旬于树干或旺枝的基部，将枝粗 1/10 宽的树皮剥下后，立即倒贴在环剥口上，然后用薄膜包扎。此法对提高产量、控制树冠均有较好的效果。据对 3 个品种的试验观察，环剥倒贴皮与对照相比，第二年每一结果母枝抽生的结果枝多 52.7%，每一结果母枝的产量提高 68.4%；第三年的产量比对照高 53.3%，而且果枝和发育枝均较粗壮（表 8–4）。

表 8–4 环剥倒贴皮对板栗结实及生长的影响

品种	处理	每一母枝抽生果枝（条）	每一母枝产量（克）	果枝平均粗度（毫米）	发育枝平均粗度（毫米）	第二年每一母枝平均产量（克）
红光	环剥	2.36	9	6.3	8	85
	对照	1.8	6	5	3	65
青皮软刺	环剥	2.14	155	7.3	2.8	100
	对照	2	130	6.8	2.4	80
郯城 207	环剥	4.8	240	5.4	3.3	155
	对照	2.3	95	6.4	3.1	75
合计（平均）	环剥	3.1	160	6.3	4.7	115
	对照	2.03	95	6.1	2.8	75

（三）促进板栗二次结果

易成雌花的板栗品种，初夏经摘心、剪截后，萌生的二次梢有形成雌花的特性。利用这种自然性状，在雌花量少的树或枝上，促生二次果，是一项有效的增产措施。据在 11 个品种上的试验，其中有 10 个品种结出了二次果，平均占总产量的 31.3%。品种之间产量差异较大，最少的为 1.7%，最高的为 60%，二次果的采收期（10 月中下旬）比一次果晚 30～40 天，平均单粒重为 9.8 克，比一次果少 1.5 克（表 8–5）。

表 8–5 3 年生密植园二次结果情况

品种	摘心剪截株数	其中二次结果株数	产量（千克）		
			总计	其中二次果	占总产量（%）
青皮软刺	85	76	68.5	14.6	21.2

续表 8–5

品　种	摘心剪截株数	其中二次结果株数	产　量（千克）		
			总　计	其中二次果	占总产量（%）
红　光	10	10	15.6	3.9	25
金　丰	10	10	18.5	9.6	51.9
宋家早	10	10	9.6	1.4	14.6
处暑红	8	8	3.4	0.3	8.8
中果红皮油栗	7	7	12.7	7.2	56.3
新杭迟	7	7	4.3	4.3	55.9
郯城 207	5	1	3	0.05	1.7
红　栗	3	3	1	0.6	63
石　丰	2	2	5.9	2.8	47.5
九家种	3	0	0.4	0	0
合　计	150	134	142.9	44.75	31.3

第九章
病虫害防治和自然灾害的防御

一、各物候期病虫害的综合防治

板栗病虫害的标准化防治要求在板栗每一个物候期采取相应的防治措施。根据板栗病虫害的发生特点和板栗生长习性，笔者编制了板栗主要病虫害标准化综合防治月历表（表 9–1），供参考使用。现在提倡综合防治，尤其是生物防治、物理防治、药物防治等措施的有效结合，强调合理、适时使用化肥农药。

表 9–1　板栗主要病虫害标准化综合防治月历表

防治时期	病虫害活动情况	综合防治措施
3 月份（栗芽萌发）	栗瘿蜂、透翅蛾幼虫开始活动；栗实蛾、小蛀果斑螟化蛹、羽化；疫病等病害的孢子借风雨、昆虫等媒介开始侵染传播	①用 80% 敌敌畏、40% 乐果乳油＋煤油 20～30 倍液涂抹危害部位，防治透翅蛾幼虫；②继续修剪防治栗瘿蜂；③用 4.5% 高效氯氰菊酯、80% 敌敌畏乳油 1 000 倍液喷雾或涂刷，防治高接换种树的接穗害虫

续表 9–1

防治时期	病虫害活动情况	综合防治措施
4 月份（新梢伸长并展叶，雄花蕾抽出、伸长）	栗瘿蜂的瘿瘤形成，尺蠖、金龟子、毒蛾、刺蛾、大蚕蛾、栗大蚜等危害嫩梢枝叶；栗实蛾、小蛀果斑螟羽化产卵，开始危害；疫病病斑扩展快；叶背锈病孢子形成	① 4 月底至 5 月上旬用高氯·三唑磷等 1000 倍液防治蛀果害虫；②摘除栗瘿蜂虫瘿，剪去虫瘿枝条，涂药毒杀透翅蛾幼虫；③用 80% 敌敌畏、40% 高氯·三唑磷等 1000 倍液防治新梢金龟子、尺蠖、蚜虫等害虫；④用 30% 氧氯化铜、15% 多菌灵 200 倍液刮涂，防治疫病；⑤ 25% 三唑酮可湿性粉剂 2000～3000 倍液喷雾防治锈病
5 月份（雄花盛开，雌花出现至盛开）	栗实蛾等蛀果害虫入侵幼果；栗瘿蜂幼虫老熟化蛹；透翅蛾进入韧皮部蛀食；金龟子、栗大蚜等危害严重；天牛羽化、产卵；疫病扩展快	
6 月份（雄花凋谢，雌花盛开至幼果）	栗实蛾产卵于细嫩刺苞针间隙中，幼虫卵化后危害幼果；栗瘿蜂 6 月上旬全部羽化产卵；板栗透翅蛾开始蛀食木质部；锈病病斑扩展	① 4.5% 高效氯氰菊酯、80% 敌敌畏乳油等 1000 倍液防治栗实蛾等蛀果害虫，6 月上中旬喷药 1 次，隔 15～20 天，连喷 3 次；②用 80% 敌敌畏乳油 1000 倍液防治栗瘿蜂成虫；③喷药防治袋蛾幼虫（药剂同栗实蛾）
7～8 月份（栗果膨大）	小蛀果斑螟、栗实蛾、桃蛀螟、栗实象甲等害虫危害栗果；锈病扩展，叶片黄化	① 6 月下旬至 7 月上旬，8 月上中旬用 40% 毒死蜱 1000 倍液、5% 吡虫啉乳油 2000～3000 倍液防治蛀果害虫；②人工捕捉天牛；③刮皮、涂药防治透翅蛾
9～10 月份（果实成熟至采收）	小蛀果斑螟、栗实蛾危害第二季花果；透翅蛾化蛹、羽化及产卵；天牛、金龟子产卵	① 10 月下旬用 80% 敌敌畏、40% 乐果等 300～500 倍液喷树干或敌敌畏原液＋煤油 20～30 倍液涂刷，防治透翅蛾幼虫；②清理地下落果，集中烧毁
1～2 月份（落叶休眠）	小蛀果斑螟、栗实蛾幼虫在落果、枝杈和树干等处越冬；栗瘿蜂、透翅蛾等害虫幼虫在树皮下越冬；栗大蚜群集于 1 ～ 1.5 米高的树干上越冬	①结合冬剪，除掉细弱及病虫枝。剪除树上的越冬茧和栗瘿蜂虫瘤；②冬春刮树皮，集中烧毁或刷除越冬密集的卵块。也可防治苹果掌舟蛾、黄刺蛾、褐边绿刺蛾、栎掌舟蛾、银杏大蚕蛾、盗毒蛾、栗透翅蛾及黄天幕毛虫等害虫；③清理树下枯叶和枯枝，集中烧毁。防治绿尾大蚕蛾和栗小卷蛾，树干、主枝涂白

二、主要虫害及其防治

在我国，危害板栗的害虫有 258 种，按其危害部位可划分为以下 3 类：①危害果实的害虫：栗实象、雪片象、桃蛀螟、栗实蛾、剪枝象等。②危害枝干的害虫：云斑天牛、栗透翅蛾、栗瘿蜂、栗大蚜、蚱蝉等。③危害叶片的害虫：栗黄枯叶蛾、银杏大蚕蛾、水青蛾、栎粉舟蛾、大袋蛾、黄刺蛾、褐边绿刺蛾、栗红蜘蛛等。

（一）栗 实 象

1. 分布及危害 栗实象是板栗生产中的主要害虫，主要分布在山东、河南、陕西、甘肃、江苏、浙江、江西、福建、广东等省。寄主有板栗、茅栗、栓皮栎、麻栎、锐齿栎等。幼虫蛀食栗实，被害果实无食用价值，失去发芽力。贮藏运输期间容易大量腐烂。河南、江苏、湖北、陕西等省栗实受害严重，个别地区受害率达 90% 以上。

2. 形态特征 成虫体长 6～9 毫米，体黑色。前胸背板后缘两侧具有白色半圆形毛斑。翅鞘前端和外缘 1/3 处各有 1 条白色绒毛组成的横带。卵椭圆形，具短柄，白色半透明，0.8 毫米 × 0.5 毫米。幼虫乳白色，头部褐色，肥胖多皱纹，前足常弯曲，老熟幼虫长 7.5～11.8 毫米。触角初期乳白色，复眼黑色，体长 7.5～11.5 毫米。

3. 生活习性 栗实象在陕西、河南、江苏、山东等地 2 年发生 1 代，以老龄幼虫在土室中越冬，第二年不出土，陕西省第三年 7 月初开始化蛹。7 月中下旬为化蛹盛期，蛹期 20～25 天。7 月底至 8 月成熟羽化，仍在土室静伏 5～10 天。雨后成虫出土上树，取食栗苞、嫩枝，补充营养 10 余天后开始交尾产卵，产卵盛期为 8 月中旬至 9 月上旬。成虫产卵前先用头管啃食栗苞壁，蛀成深约 2 毫米的卵槽。然后，调转身体，将产卵器插入卵槽内产卵，并啃食皮屑堵塞卵槽。产卵部位多选择栗苞胴部。一般 1 个卵槽内产 1 粒卵，也有空槽的。卵期 8～12 天，幼虫孵化后，即蛀食栗实，虫粪充塞在虫蛀道内，经历 13～17 天，幼虫老熟脱果；在栗苞堆积期和栗实贮藏期 10～15 天，幼虫老熟脱果。脱果幼虫入土深度一般 5～20 厘米，以 10～15 厘米深处较多。幼虫在土壤内滞育 600 余天。雌雄虫比约 1∶1。成虫寿命 14～30 天，成虫善于爬行，有假死性。每头雌虫可产卵 2～18 粒。

山地栗园受害最严重，丘陵区次之，平原受害最轻。不同板栗品种受害程度差异显著，早熟品种受害轻，晚熟品种受害重，苞刺长而密的品种较苞刺短而稀的受害轻。

4. 防治措施

（1）农业防治　冬季拾净落地栗苞，集中烧毁或深埋，秋季落叶后深翻树盘（深达 20 厘米以上），破坏越冬幼虫的土。栗苞堆集场要弄得坚实，阻止幼虫入土越冬。选择优质抗虫、球果苞刺长而密的品种，如焦札和早熟品种处暑红受害很轻，只有 5% 左右。选育抗虫品种是防治栗实象的主要方法之一。

（2）化学防治　在栗苞堆集场周围喷洒 60% 双效磷（敌马混剂）1 600 倍液，杀死脱果幼虫；危害较严重的栗园，在 7 月下旬成虫羽化出土前，地面喷 80% 敌敌畏乳油 800～1 000 倍液或灌根，防止成虫出土上树；8 月成虫上树产卵前，树冠喷 50% 的敌敌畏乳油 1 000 倍液，消灭成虫。如果期间防治不彻底，栗实受害很严重时可将采下的栗苞用磷化铝片熏蒸。熏蒸的办法是在空地上挖宽、深各 1 米的沟，沟的长短根据栗苞而定。用木棍在上面扎成眼，将磷化铝片放入，用塑料薄膜覆盖，周围用土压实。投药量，栗苞每立方米 21 克，栗实每立方米 18 克。熏蒸 24 小时后，揭开塑膜，待磷化氢挥发完后再取出即可。投药后，要注意人、畜安全，防止中毒。

（二）雪 片 象

1. 分布及危害　雪片象是 1980 年在我国发现的一个新虫种，主要分布在陕西、甘肃、河南、湖南、湖北、江西等地。危害板栗、锥栗、茅栗。栗苞受害后早落，栗苞受害率达23.5%～40.1%，受害严重的可达60%～90%。是长江中游地区板栗种子的主要害虫。

2. 形态特征 成虫体长6～10毫米，体宽3～4毫米。翅鞘基部至2/3处为栗褐色，近端部为黄褐色。卵椭圆形、橙黄色。幼虫体肥胖稍弯曲，体表多皱纹，乳白色。从栗苞剖出幼虫分泌黏液，幼虫头额中线短，三角区没有额中线，体节后节分为两小节，以上4点是与栗实象幼虫的主要区别。

3. 生活习性 1年发生1代，以老龄幼虫在落果苞里过冬，翌年4月中旬至5月上旬陆续化蛹，蛹期25天。成虫5月上旬至5月底开始羽化，5月下旬至6月上旬为盛期，7月上旬结束。羽化后成虫先在栗苞内潜伏10余天，之后开始上树、取食、交尾、产卵，7月份为产卵盛期。卵10天左右孵化，幼虫陆续蛀食苞梗、苞皮和栗实，直至9月中旬。成虫善爬行，有假死性。白天静伏树下表土内、落叶下、栗苞间，晚上8时到凌晨4时上树取食、交尾、产卵。

海拔700～1200米的山地果园危害比较严重；阴坡危害重于阳坡；坡下位危害重于坡上位，1300米以上危害逐渐减轻。冬季-20℃低温就可冻死越冬幼虫；夏季38℃高温也很难成活。冬季和春季干旱，越冬幼虫死亡率很高，4月份干旱也会影响羽化。

4. 防治措施

（1）化学防治 5月中旬到6月中旬，成虫取食补充营养时对树冠喷50%的敌敌畏，或2.5%溴氰菊酯乳油2000～3000倍液，可杀死成虫。

（2）生物防治 雪片象有2种天敌，一种是长凹姬蜂，另一种是芫菁，可以利用天敌防治。

（三）剪 枝 象

1. 分布及危害 分布在河南、陕西、山东、河北、辽宁、江西、福建等地。危害板栗、锥栗、茅栗、栓皮栗、麻栗、蒙古栗等。成虫咬断嫩果枝，引起大量栗苞落地。一般危害轻的减产10%～

20%，危害重的达 50% 以上。

2. 形态特征　成虫黑蓝色，有金属光泽，密生银灰色茸毛，疏生黑色长毛。雌虫体长 7.3～8.1 毫米，头管长 4.5～5 毫米，触角着生头管 1/2 处。雄虫略小，触角着生在头管端部 1/3 处。卵长约 1.3 毫米，椭圆形，初产白色，后变黄白色，一端呈现橙黄色小点。老龄幼虫体长 8 毫米，黄白色，头呈黄褐色，体弯曲肥胖多横皱，胴部每节上横生 1 排较密的黄白色毛。蛹长 8 毫米，黄白色裸蛹。

3. 生活习性　1 年发生 1 代，以老龄幼虫在土壤中越冬。幼虫入土深 1～3 厘米，做土室。翌年 5 月上中旬化蛹，6 月上中旬羽化出土，交尾产卵，卵期 5～8 天，幼虫 8～9 月份开始脱果入土过冬。成虫羽化后，白天上树取食板栗、茅栗、锥栗等的雄花序、嫩栗苞补充营养，6～10 天后交尾，出土后 8～13 天开始在栗苞上蛀孔产卵，成虫产卵时选一嫩果枝，在栗苞下 2～6 厘米处，用头管前端口器把果枝上面咬断，仅留下表皮，果枝悬挂空中，然后爬到栗苞上蛀孔产卵，再爬到果枝剪折处咬断，致使果枝落地。每个栗苞只产 1 粒卵。每头雌虫可产卵 30～40 粒，剪断果枝 30 多个。成虫有假死性，飞翔能力不强，成虫寿命 10～20 天。雌雄比为 1.95∶1。卵在落地栗苞中孵化，幼虫取食栗实 40 余天老熟脱果。落地栗苞经过日晒，含水率下降时，卵孵化率下降。当栗苞干燥 15 天以上，80% 的幼虫就会死亡。降水多、湿度大的地方危害严重。

4. 防治措施

（1）农业防治　6～7 月份，拾净落地栗苞集中烧毁，消灭幼虫。秋冬季深翻栗园土壤，破坏幼虫土室，消灭越冬幼虫。

（2）化学防治　成虫羽化初期喷 80% 敌敌畏乳油 800～1 000 倍液，阻止成虫出土上树。成虫羽化初期到盛期，先后喷 2 次 75% 辛硫磷微胶囊剂 1 500 倍液，防治效果显著。

（四）桃 蛀 螟

1. 分布及危害　分布很广，东北、华北、西北、西南、华东、华中的大部分省（区）都有分布。桃蛀螟为杂食性害虫，危害桃、梨、苹果、枇杷、石榴、板栗等多种果树及农作物。板栗受害率一般 5% 左右，严重的可达到 27%。

2. 形态特征 成虫橙黄色，体长 12 毫米，翅展 24 毫米左右。胸、腹部具有黑色斑纹，前翅散生 24～26 个黑斑，后翅有 10 多个黑斑。雄蛾腹末黑色。卵椭圆形，长约 0.6 毫米，初期乳白色，孵化时变为红色。幼虫体长 25 毫米，头黑褐色，老龄幼虫体背淡红色，腹面淡绿色。每体节有明显的黑色毛片 8 个，前列 6 个，后列 2 个。蛹黄褐色，体长 13～15 毫米。蛹外有灰白色薄茧。

3. 生活习性 桃蛀螟在华北 1 年发生 2 代，长江流域、河南、陕南 1 年发生 4 代。以老龄幼虫在树皮缝、树洞、玉米秸秆穗轴、向日葵花盘等处越冬。4 月中旬开始化蛹，各代成虫羽化期为：越冬代 5 月中旬，第一代 7 月中旬，第二代 8 月上中旬，第三代 9 月中下旬，第四代在 10 月中旬。卵期 6～8 天，幼虫期 12～18 天，越冬代 240 余天，蛹期 8～19 天，成虫寿命 10～14 天。5～9 月份世代不整齐，几乎随时都能见到成虫。8～9 月份间飞迁板栗园，产卵于栗苞刺间，以两个栗苞相靠的针刺束间产卵较多，初孵化幼虫蛀入栗苞后，先在苞皮与栗实之间蛀食，并排出少量褐色虫粪。幼虫稍大即入栗实危害，蛀入孔大，孔外排出虫粪，1 头幼虫可转移危害 2～5 个栗苞。成虫多在晚上 7～10 时羽化，白天在叶背静伏，晚上活动，取食花蜜补充营养，对糖醋液、灯光有趋性，晚上 9～10 时产卵。

4. 防治措施

（1）农业防治 板栗园尽量不与桃、梨、苹果、核桃、石榴混植或近距离建园。用黑光灯、糖醋液诱杀成虫。

（2）化学防治 栗苞采收堆集期，喷 90% 敌百虫晶体 1 000 倍液，随喷药随拌均匀，堆集后，外面用塑料薄膜覆盖 2～3 天，或用磷化铝片熏蒸（见栗实象防治），可以消灭大量的桃蛀螟幼虫。

（五）栗 实 蛾

1. 分布及危害　栗实蛾是板栗园钻蛀栗雌花蕾及幼果的主要害虫，是引起早期落花落果的重要原因。主要分布在高温多雨地区。

2. 形态特征　成虫体长约 6 毫米，翅展 16 毫米，灰褐色。前翅前缘有大小不等的白色斜纹，后缘有 4 条斜生的白色波形纹，腹部灰色。卵椭圆形，长 0.5 毫米，灰白色、黄白色、黄褐色，被白色细毛。蛹长 7～10 毫米，腹节背面具有两排刺突。茧纺锤形，褐色，稍扁，附有枯叶。

3. 生活习性　1 年发生 5～6 代，以蛹在落地栗苞及树皮中裂缝处越冬。4 月上旬蛹羽化后在嫩梢顶端叶片上产卵，孵化后蛀入新梢顶端嫩梢并吐丝缀合 3～4 张叶片，从中危害嫩枝叶片。幼虫老熟后，在其内化蛹，下旬羽化后成虫在花蕾上产卵。5 月上旬幼虫孵化后 3～5 天，开始咬食雌花，然后从雌花柄处咬孔蛀食雌花蕾。傍晚或黎明前，幼虫常爬出苞外，粪便排出孔外。5 月中旬末即开始化蛹，蛹多在果柄处、叶柄夹角处，有白灰色丝茧包住。5 月下旬蛹羽化后，成虫即在板栗幼苞尖刺上产卵，卵像白色的露珠包住尖刺。在体视镜下观察，卵像一个白灰色的圆饼，中间略高，四边有放射状线条。6 月上旬卵孵化，幼虫 3～5 天后即钻蛀幼果，一条幼虫一般蛀果 2～3 个，多的达 5～6 个。总苞被蛀后干枯，幼果大量坠地。第 2～3 代幼虫危害引起的落蕾及落果是板栗减产的重要原因之一。6 月中旬末老熟的幼虫在果柄及果间的缝中化蛹，下旬蛹羽化后成虫又产卵，卵于 7 月上旬孵化，8～10 月份仍在第二季果中危害幼果。11 月份后即在丝质茧中化蛹越冬。

4. 防治措施　以防 5～6 月份的二三代幼虫为主，防治的最佳时间是在幼虫刚孵化 3～5 天（即 5 月份至 6 月上旬）防治，这时既能杀死幼虫，又能保住果，10 天后虫已钻蛀进幼果中，防治难度增大，即使杀死了虫，幼果亦会枯死。用药配方：5 月上旬用敌百

虫晶体1000倍液，6～7月上旬用5%高效氯氰菊酯乳油2000倍液＋20%吡虫啉可溶性粉剂3000～4000倍液，1小包冲水20升。可结合根外追肥一起进行，用2%～3%硼砂或2%～3%磷酸二氢钾与农药混匀后喷施，早上7～8时和下午5～7时用药效果最佳，既可杀死害虫，又可减少板栗空苞数。

（六）栗透翅蛾

1. 分布及危害 主要分布在东北、华北、华东等地。以幼虫危害枝干、串食韧皮部，轻者削弱树势，重者造成死枝、死树。一般雨季危害较为严重，特别是老翘皮受雨水浸渍后，组织松软，幼虫极易蛀入。

2. 形态特征 成虫体长15～21毫米，翅展37～42毫米，翅膜质透明，形似黄蜂。体黑色有光泽，触角端部尖细，赤褐色，基半部橘黄色，头部、中胸背板及腹部有橘黄色鳞毛。卵长扁圆形，长0.9毫米，淡红褐色。蛹长14～18毫米，黄褐色，细长，两端下弯。茧纺锤形，外被虫粪、木屑等。

3. 生活习性 1年发生1代或2年1代。以二龄幼虫或少数三龄幼虫在树皮缝内越冬，第二年3月下旬开始活动，7月中下旬化蛹，为幼虫结茧前在表皮下向外皮咬一圆形化蛹孔，然后结茧化蛹，8月中下旬进入羽化盛期。成虫夜间产卵，多产于主干基部20～80厘米处的皮缝或树洞内。8月下旬至9月下旬开始孵化，孵化后的幼虫取食树干皮层或组织，10月上旬幼虫开始进入冬眠。

4. 防治措施

（1）农业防治 人工刮去老翘皮，使新生组织坚硬，幼虫不易蛀入。同时，刮皮的过程中还可消灭大量幼虫，能较好地控制危害。

（2）化学防治 在产卵期和幼虫孵化期向树体喷洒50%辛硫磷乳油1000倍液，或在春天幼虫活动期喷洒20∶1的煤油和敌敌畏混合液。

（七）栗 瘿 蜂

1. 分布及危害　栗瘿蜂分布在河北、河南、山东、山西、陕西、江苏、湖北、湖南、浙江、四川、云南等省。寄主有板栗、茅栗、锥栗。幼虫危害栗树的芽、叶和嫩梢，形成虫瘿，使栗树不能抽枝开花，叶片变小畸形。受害严重时，30% 以上的嫩梢枯死，减产很大。

2. 形态特征　成虫体长 2.5～3 毫米，黑褐色具有金属光泽。翅透明，翅面有细毛。卵乳白色，表面光滑，长棒形，0.2 毫米×0.6 毫米。幼虫乳白色，老龄时黄白色，体肥胖无足。头部略尖，尾部盾圆，体长 2～3 毫米。蛹长 2.5～3 毫米，初期乳白色，渐变黄褐色，羽化前变为黑褐色，腹部红色。

3. 生活习性　栗瘿蜂 1 年发生 1 代。以初龄幼虫在芽组织形成的虫室内越冬。翌年 4 月上旬栗发芽时幼虫开始活动取食。新梢长到 1 厘米时出现小虫瘿，幼虫在虫瘿内危害。5～6 月份化蛹，蛹期 15 天左右。6 月上旬至 7 月下旬成虫继续羽化，在虫瘿滞留约 15 天后羽化出瘿，夜晚栖息在叶背面。卵多产在当年形成的饱满芽内的柔嫩组织中，每芽可产卵 1～10 粒。每头雌虫产卵一般 11～25 粒，最多可产卵 200 粒。卵期 15 天左右。幼虫孵化后在芽内取食叶、花的原基组织，形成小虫室，一虫一室。9 月下旬停止取食开始越冬，翌年春天继续危害形成瘿瘤。一般在短果枝顶部，但瘿瘤较大，顶端虽能长出几个窄细的小叶片或雄花序，但多不能生出雌花。在叶柄基部形成的瘿瘤较小，顶端仍可长出小形叶。生长在叶主脉的瘿瘤呈扁圆形，表面光滑，内壁坚硬，7 月份以前多为绿色，后渐变成樱红兼黄绿色。成虫脱出瘿瘤后，瘿瘤逐渐枯萎、变黄褐色，冬季不脱落。

一般向阳低洼地受害严重，背风处的老栗园受害严重。成虫期降水的多少和持续天数是影响其严重程度的主要因素。连续降雨时，虫瘿含水量增高，成虫自蛹室咬孔外出时，常被水浸透而死于

羽化虫道或虫孔；已出孔的成虫也常因两翅被雨水浸湿而死亡。降雨强度大，成虫死亡多，当年和翌年虫害发生轻。风向对成虫的迁飞扩散有很大的影响，成虫飞翔时有大风，成虫会顺着风向传播到下风处，使下风处虫口密度增加。同一植株上树冠内膛枝受害重，树冠上部枝条受害轻。

4. 防治措施

（1）**农业防治** 在5月栗瘿大量形成期，摘除新生虫瘿丢在林地内，有利于天敌繁殖。对受害严重的衰老树、放任树，实行重度修剪，打开天窗改善通风透光条件，减少虫害。

（2）**生物防治** 早春大量采集瘿瘤，装在纱笼内，挂在栗园中，栗瘿长尾小蜂等寄生蜂羽化飞出纱笼、在栗瘿蜂幼虫体内产卵，可控制栗瘿蜂的危害。

（3）**化学防治** 9月下旬到10月下旬，喷80%敌敌畏乳油1000～1500倍液杀死越冬幼虫。成虫羽化期喷80%的敌敌畏或40%乐果乳油2000倍液，杀死成虫。树干涂刷药剂，3月下旬栗芽发红开始膨大时，在便于操作的部位砍去1/3～1/4宽的树皮，长40厘米，深达活组织露出，再用刀刮平，在伤口上涂内吸杀虫剂，80%敌敌畏乳油或10%吡虫啉可湿性粉剂3000倍液可以杀死越冬幼虫。

（八）黄枯叶蛾

1. 分布及危害 主要分布在山西、陕西、河南等地。以栗、核桃、海棠、苹果、山楂、石榴、柑橘、咖啡、蓖麻等为寄主。幼虫食叶成孔洞或缺刻，严重时将叶片吃光，残留叶柄。

2. 形态特征 雌成虫体长25～38毫米，翅展60～95毫米，淡黄绿色至橙黄色，头黄褐色杂生褐色短毛，胸背黄色，翅黄绿色，外缘波状，前翅近三角形，腹末有黄白色丛。雄虫较小，黄绿色至绿色，翅绿色，腹末有黄白色毛丛。卵椭圆形，长0.3毫米，灰白色，卵壳表面具网状花纹。幼虫体长65～84毫米。头部具不规则深褐色斑纹，沿颅中沟两侧各具1条黑褐色纵纹。前胸盾中部

具黑褐色“×”形纹，前胸前缘两侧各有 1 个较大的黑色瘤突，上生 1 束黑色长毛。蛹赤褐色，长 28～32 毫米。茧长 40～75 毫米，灰黄色，略呈马鞍形。

3. 生活习性　在山西、陕西、河南等地，1 年发生 1 代，南方地区 1 年发生 2 代。以卵越冬，寄主发芽后孵化，初孵幼虫群集中背取食叶肉，受惊扰吐丝下垂，二龄后分散取食。幼虫期 80～90 天，共 7 龄，7 月份开始老熟，于枝干上结茧化蛹，蛹期 9～20 天。7 月下旬至 8 月份羽化，成虫昼伏夜出，有趋光性，多于傍晚交配。卵多产在枝条或树干上，常数十粒排成 2 行，粘有稀疏黑褐色鳞毛，状如毛虫。每雌可产卵 200～320 粒。二代区，成虫多发生于 4～5 月份和 6～9 月份。天敌有多刺孔寄蝇、黑青金小蜂等。

4. 防治措施

（1）农业防治　冬春剪除越冬卵块集中处理；捕杀群集幼虫。

（2）化学防治　幼虫孵化期可喷 2.5% 高效氯氰菊酯乳油 2 000 倍液，或 5% 吡虫啉乳油 2 000～3 000 倍液。

（九）白　蚁

1. 分布及危害　常见的危害板栗的白蚁类型为黑翅土白蚁和黄翅大白蚁，其主要分布于长江以南及西南各省。主要危害杉木、马尾松、桉、樟、栎、侧柏、枫杨、油茶、茶、板栗等树木。白蚁营巢于土中，取食树木的根茎部，并在树木上修筑泥巢，啃食树皮，亦能从伤口侵入木质部危害。苗木被害后常枯死，成年树被害后生长不良。

2. 形态特征　黑翅土白蚁和黄翅大白蚁均属白蚁科。黑翅土白蚁的有翅繁殖蚁体长 12～15 毫米，翅黑褐色。兵蚁体长 5～6 毫米，工蚁体长 4.6～6 毫米。黄翅大白蚁的有翅繁殖蚁体长 14～16 毫米，翅黄色。大兵蚁体长 10.51～11 毫米，大工蚁体长 6～6.5 毫米。

3. 生活习性　黑翅土白蚁和黄翅大白蚁筑巢地下，每年 5～6

月间在蚁巢附近出现成群的分群孔（黑翅土白蚁的分群孔为圆锥形凸起，而黄翅大白蚁为凹形，低于地面），在春、夏时节，空气相对湿度95%以上的闷热天气或大雨之后，有翅繁殖蚁纷纷从分群孔飞出。经过分飞蜕翅，雌雄配对钻入地下建立新巢，成为新蚁巢的蚁后和蚁王。初建新巢是一个小腔，随着时间的推移，新巢不断发展，几个月后出现菌圃，菌圃是白蚁培养真菌的场所，可作食料。有些位于浅土层的幼龄巢和菌圃腔，在6～8月份连降暴雨后，地面上会长出鸡枞菌，可作为确定蚁巢的标志。

4. 防治措施

（1）农业防治 在苗圃地，发现苗木、插条、幼树根际遭白蚁危害时，可在圃地四周开沟，以80%敌敌畏乳油800倍液或10%吡虫啉可湿性粉剂3000～4000倍液浇灌土壤，然后覆土，防效很好。

（2）化学防治 清理林地上的白蚁。在白蚁活动季节，每667米^{2}林地设10个诱集坑，坑内放置一定量的松木、桉树皮、蔗渣等，表面盖上一层塑料薄膜，再用泥土覆盖。隔10～15天轻揭坑顶，当发现白蚁在坑内取食，喷施少量75%灭蚁灵粉，让白蚁携带药粉回蚁巢，靠相互舐理和交哺行为使整巢白蚁死亡。

为了预防白蚁危害，可在种植坑内喷施20%三唑磷乳油500～600倍液，有效期长达1～3个月。

林地直接诱杀白蚁。可用甘蔗渣粉或桉树皮粉、食糖、10%吡虫啉可湿性粉剂按4∶1∶1的比例均匀拌和，每4克一袋。投药时，可先在林地白蚁活动处将表土铲去一层，铺一层白蚁喜食的枯枝杂草，放上毒饵后仍用杂草覆盖，上面再盖上一层薄土。每公顷放毒饵900克左右。

三、主要病害及其防治

我国板栗病害有42种，其中真菌病菌有29种（包括子囊菌病害13种，担子菌病害4种，半知菌病害12种），寄生植物12种，

寄主藻 1 种。危害比较严重的有疫病、白粉病、叶斑病、白纹羽病和种实霉烂病等。

（一）疫　病

又称干枯病、溃疡病、腐烂病、胴枯病。

1. 分布及危害　我国板栗抗病性很强，但近几年在南方各省也有板栗疫病发生，被害栗树皮层腐烂，树势衰弱，影响产量，受害重的整株死亡。寄主主要是欧洲板栗、美洲板栗、日本板栗、锥栗、栎树、栓皮栎、夏栎、无梗花栎、漆树、山核桃、欧洲山毛榉等植物。

2. 病害症状　该病多发生在主干的皮层部，在小枝上发生较少。发病初期树皮上出现黄褐色椭圆形斑点，后发展为较大的不规则赤褐色斑块，最后包围整个树干，并向上下扩展。病斑呈水肿状突起，内部湿腐有酒味，干燥后树皮纵裂，可见皮内枯褐色的病组织。

苗木及大树均可受害，主要危害主干、侧枝、小枝。病菌自伤口侵入主干或枝条后，初期在光滑的树皮上形成圆形或不规则的水渍状、边缘略隆起的黄褐色至褐色病斑。在粗糙的树皮上病斑外观无法辨认，但剥开树皮，受害处皮层呈深褐色至黑褐色，边缘不明显，韧皮部变色死亡，形成典型的溃疡和烂皮。病斑逐渐扩展，直至包围树干，并向上下蔓延。病斑组织初期湿腐，有酒糟味，失水后，树皮干缩纵裂，剥开枯死树皮，可见有污白色至淡黄色扇形菌丝体（菌丝扇）。发病枝条上的叶变褐色死亡，但长久不落。春季在病斑上产生橘红色疣状子座，5 月份以后在子座上溢出一条条淡黄色至橘红色胶质卷须状的分生孢子角，遇水后即溶化。在气候干燥时，子座色泽变暗。秋季在子座中出现子囊壳，子座变橘红色至酱红色。随着病斑的扩展，树皮开裂，进而脱落下来。一般侵入 5～8 天后出现病斑，10～18 天产生子座，随后产生分生孢子器。日平均温度下降到 10℃以下时，病斑发展迟缓。

3. 发病规律 病原菌为兼性寄生菌，引起潜伏侵染性病害，病害的发生与立地条件、气候、林分状况及经营管理水平有着密切关系。一般阴坡、地势平缓、土层深厚、土壤肥沃、排水良好、经营管理水平高的林分，栗树生长旺盛，抗病力强。发病时，露出木质部，病斑边缘形成愈合组织，翌年旧病复发，继续扩展，形成新的愈合圈，这样年复一年形成同心密集的中心低、边缘高的多层愈合圈，为开放或放射型溃疡，当病斑环绕主干时，造成整株死亡。

病原菌主要以菌丝、子座、成熟或未成熟的子囊壳和少量分生孢子器及分生孢子在病株枝干、枝梢或以菌丝形式在栗实内越冬。分生孢子可借风、雨、昆虫（栗瘿蜂、栗大蚜、栗花翅蚜、大臭蝽）或鸟类传播。子囊孢子和分生孢子都可侵染，分生孢子是翌年初侵染的主要来源。孢子萌发后从伤口侵入，日灼、冻伤、虫咬、嫁接及人为因素造成的伤口均为病原菌侵入创造条件。伤口不仅可作为病原菌侵入的通道，而且可为病原菌提供养分，使菌丝体得以扩展，深入寄主组织。当日平均温度超过 7℃时，病斑开始扩大；气温保持在 20～30℃时，最适于发病。幼龄林当年发病和枯死率高，老龄树当年发病和枯死率低。栗树随林龄增高，累积发病率也增高。不同栗树品种之间的抗病力存在差异。病原菌一年四季均可形成分生孢子器及分生孢子，但以春、夏季为多，分生孢子在干燥条件下可存活 2～3 个月，甚至可长达 1 年之久；子囊孢子的成熟期以秋季为主，但子囊孢子的释放是长期的，可达数月，且耐干旱，经 1 年（有报道 2 年半）干燥后遇水仍可萌发。

4. 防治措施

（1）农业防治 ①加强检疫工作，选用优良、抗病的品种对板栗林进行改造，对调入的枝条与植株用 180 倍的石灰倍量式波尔多液浸泡再用。在疫区内要彻底清除重病株和重病枝，并及时烧毁，减少侵染源。②全面清除枯死的植株和枝干，将枯死的植株连根刨起，并在穴内施生石灰消毒，剪除已枯死的和部分枝干上病斑较大的枝条及一些生长不良的弱枝。③早春板栗发芽前，

喷 1 次 2～3 波美度的石硫合剂，发芽后再喷 1 次 0.5 波美度的石硫合剂，保护伤口不被侵染，减少发病概率。松土 1 次，从树盘自内向外、由浅到深以不伤害板栗树根为准，进行翻土。结合翻土每株施尿素或复合肥 250～500 千克，或饼肥 1～1.5 千克，或农家肥 2.5～3.5 千克，来促进根系的生长和树木营养供给，增强树势。④加强抚育管理，及时除草，杜绝草荒，实行林粮间作，及时灌溉与排涝，于 6 月中旬追施 1 次速效氮肥，250 克 / 株。⑤消除板栗林附近的其他壳斗科已感病树木，减少侵染源。⑥幼林入冬前进行 1 次松土，每株施入农家肥 1.5～2.5 千克或饼肥 1～1.5 千克来改良土壤结构，增加土壤肥力和有机质的含量，为翌年板栗生长提供足够的营养，并对树根培土，培成锥形，开春扒开，以减少幼林发生冻害的机会，同时喷 1 次 200 倍液的石灰倍量式波尔多液，保护树木越冬。

（2）**化学防治**　①对较粗的枝杆上的较小病斑用刀刮除，并用 0.5 波美度石硫合剂涂抹刮伤的部位和剪除枝条的伤口，以及有机械损伤的其他伤口。立即用 50% 敌磺钠可溶性粉剂 500 倍液或多菌灵、代森锰锌可湿性粉剂 200 倍液进行全面喷洒，每隔 15 天喷 1 次，连喷 3 次。发病轻者可刮除病皮，涂抹 0.1% 升汞、10% 碱水或 10% 甲基或乙基大蒜素溶液（401、402 抗菌剂）200 倍液加 0.1% 平平加（助渗剂）。②在板栗的整个生长期中，一旦发现有害虫危害嫩梢，立即用 40% 乐果乳油 1 500 倍液或 2.5% 溴氰菊酯乳油 2 000 倍液进行防治，保护叶、枝少受伤害。

（二）白 粉 病

1. 分布及危害　该病广泛地分布于河南、陕西、江苏、浙江、山东、安徽、贵州、广西等地。寄主有板栗、茅栗、栎类。以苗木、幼树发病受害最重，受害叶片发黄或焦枯，甚至死亡。

2. 病害症状　危害幼苗、新梢、叶片和幼芽。有的发生在叶片正面，有的发生在叶片背面，叶片开始出现黄斑，随后出现大量白

粉即分生孢子。受害嫩叶发生扭曲，嫩梢受害后，影响其木质化，易受冻害。秋季在白粉层中形成许多黑色小颗粒，即为子囊壳。

3. 发病规律 两种白粉病均以子囊壳在病叶、病梢上越冬。翌年4～5月间遇雨水放射子囊孢子，侵染新梢嫩叶。以后随着新梢的生长，病原菌连续产生新生孢子，多次侵染危害。温暖而干燥的气候条件有利于白粉病的发展。1～2年生苗木发病最烈，10年以上大树发病较少。苗圃潮湿、苗木过密的情况下新梢嫩叶发病严重。

4. 防治措施

（1）农业防治 冬季清扫落叶烧毁。氮、磷、钾配合施肥。加施硼、铜、锰等微量元素。控制氮肥用量，避免苗木过密和徒长。

（2）化学防治 萌芽前喷1次3～5波美度石硫合剂，萌芽后喷0.2～0.3波美度石硫合剂，或50%的胂·锌·福美双可湿性粉剂1000倍液，或15%三唑酮可湿性粉剂1000倍液。

（三）叶 斑 病

1. 分布及危害 该病主要分布在辽宁、河南等地。寄主植物主要有板栗、槲栎等。在叶片形成枯死的病斑，可引起栗树早期落叶。苗木和幼树受害最大。

2. 病害症状 该病发病初期，在叶脉之间、叶缘及叶尖处形成不规则的黄褐色病斑，直径0.4～2厘米，边缘色深，外围叶组织褪色，形成黄褐晕圈。随着病斑扩大，病斑中出现小黑颗粒，即为病菌分生孢子盘。发病后期，小黑颗粒排成同心轮纹状。

3. 发病规律 以分生孢子盘或分生孢子在落叶病斑上越冬，为翌年初侵染时的病菌来源。多在秋季发病，秋季雨水多，分生孢子多次再侵染，病害严重。

4. 防治措施

（1）农业防治 及时清除落叶，减少越冬病源。

（2）化学防治 在萌芽前喷5波美度石硫合剂；发病期间喷70%

甲基硫菌灵可湿性粉剂1000倍液，或50%多菌灵可湿性粉剂1000倍液，或0.2波美度石硫合剂。

四、无公害板栗生产的禁用限用农药

表9-2 无公害板栗生产禁止使用的农药

种类	农药名称	禁用原因
有机氯类	六六六、滴滴涕、甲氧滴滴涕、林丹、硫丹、艾氏剂、狄氏剂、三氯杀螨醇	高残毒
有机磷类	久效磷、对硫磷、甲基对硫磷、甲拌磷、乙拌磷、甲胺磷、甲基异硫磷、治螟磷、磷胺、地虫硫磷、灭克磷、溴丙磷、蝇毒磷、硫线磷、苯线磷、甲基硫环磷、氧化乐果（限时使用）	剧毒高毒
氨基甲酸酯类杀虫剂	涕灭威（铁灭克）、克百威（呋喃丹）	高毒
有机氮杀虫剂、杀螨剂	杀虫脒	慢性毒性、致癌
有机锡杀螨剂、杀菌剂	三环锡、薯瘟锡、毒菌锡等	致畸
有机砷杀菌剂	福美砷、福美甲砷等	高残毒
杂环类杀菌剂	敌枯双	致畸
有机氮杀菌剂	双胍辛胺（培福朗）	毒性高，有慢性毒性
有机汞杀菌剂	富力散、西力生	高残毒
有机氟杀虫剂	氟乙酰胺、氟硅酸钠	剧毒
熏蒸剂	二溴乙烷、二溴氯丙烷、环氧乙烷、溴甲烷	致癌、致畸、致突变
二苯醚类除草剂	除草剂、草枯醚	慢性毒性

注：源自《种植与养殖》无公害板栗生产的禁用限用农药。

表 9–3　无公害板栗生产限制使用的主要农药（中等毒性以上的农药）

通用名	剂　型	防治对象	施用量及方法	安全间隔期（天）
敌敌畏	80% 乳油	卷叶虫、蚜虫、刺蛾、蝽类、螨类和天牛类	1500～2000 倍液，喷雾，随用随配	21
吡虫啉	40% 乳油	蚧类、卷叶虫、食心虫、螨类、栗降蚧、潜叶蛾	1000～1500 倍液，喷雾	21
氰戊菊酯	20% 乳油	栗皮夜蛾、透翅蛾	2000～3000 倍液，喷雾	21
氯氰菊酯	10% 乳油	卷叶蛾、潜叶蛾	2000～4000 倍液，喷雾	30
杀螟硫磷	50% 乳油	食心虫、桃蛀螟、卷叶蛾、刺蛾、蚧类	1000～1500 倍液，喷雾	21
马拉硫磷	45% 乳油	栗红蜘蛛、蚧类	1000～1500 倍液，喷雾	21
杀螟丹	98% 可溶性粉剂	潜叶蛾	2000～2500 倍液，喷雾	21
喹硫磷	25% 乳油	蚧类、蚜虫、叶蝉	1000～1500 倍液，喷雾	25
福美双	50% 可湿性粉剂	炭疽病	500～800 倍液，喷雾	12
草铵磷	20% 乳油	杂草	低压喷雾，（200～300）毫升 /（667 米 ^{2} · 次）	12
三唑磷	3% 可粒剂	线虫、食心虫、甲虫	拌细土撒施，在树盘内 3～5 厘米表土撒药，覆土。（2～3）千克 /（667 米 ^{2} · 次）	120

五、允许使用的主要农药

表 9–4　允许使用的主要农药　（低毒性农药）

通用名	剂　型	防治对象	施用量及方法	安全间隔期（天）
辛硫磷	50% 胶悬剂	蚜虫、刺蛾、螨类、尺蠖	1000～1500 倍液，喷雾，阴天或傍晚进行	15
敌百虫	90% 晶体	金龟子、食心虫、天牛、尺蠖	800～1000 倍液，喷雾，随配随用	28
硫磺悬浮剂	50% 悬浮剂	栗红蜘蛛、白粉病	300～400 倍液，喷雾。气温低于 4℃、高于 30℃时不宜用药	10
灭幼脲	25% 悬浮剂	刺蛾、尺蠖	800～1000 倍液，喷雾	25
石硫合剂	45% 结晶	栗红蜘蛛、白粉病	300～400 倍液，喷雾，气温低于 4℃、高于 30℃时不宜用药	10
波尔多液	—	溃疡病、白粉病	0.5% 等量式，喷雾，现配现用	15
843 康复剂	复合型水剂	干枯病	原液，涂干	25
代森锌	80% 可湿性粉剂	炭疽病、溃疡病	600～800 倍液，喷雾	21
代森锰锌	80% 可湿性粉剂	叶斑病、白粉病	600～800 倍液，喷雾	21
甲基硫菌灵	70% 可湿性粉剂	炭疽病	800～1000 倍液，喷雾	25
多菌灵	50% 可湿性粉剂	炭疽病、栗锈病	600～800 倍液，喷雾	21
噻螨酮	5% 乳油	螨类	1500～2000 倍液，喷雾	30
四螨嗪	50% 悬胶剂	螨类	2500～3000 倍液，喷雾	30

续表 9–4

通用名	剂 型	防治对象	施用量及方法	安全间隔期（天）
氟虫脲	5% 乳油	螨类、卷叶虫	1000～1500 倍液，喷雾	21
草甘膦	10% 水剂	多年生杂草	750～1000 毫升 /（667 米^2·次），喷雾	15
氟乐灵	48% 乳油	禾本科杂草	125～200 毫升 /（667 米^2·次），喷雾	10
乙草胺	50% 乳油	禾本科杂草、阔叶杂草	40～90 毫升 /（667 米^2·次），喷雾	10
氟草烟	20% 乳油	阔叶杂草	75～150 毫升 /（667 米^2·次），喷雾	10
喹禾灵	10% 乳油	1 年生和多年生禾本科杂草	300～400 倍液，喷雾，气温低于 4℃、高于 30℃时不宜用药	10
百草枯	60% 钠盐	禾本科杂草	500～1 500 克 /（667 米^2·次），喷茎叶，药液中加适量洗衣粉增效	10
烯禾啶	20% 乳油	禾本科杂草	85～200 毫升 /（667 米^2·次），喷雾，施药以早晚为宜	10
吡氟禾草灵	35% 乳油	禾本科杂草	67～160 毫升 /（667 米^2·次），喷雾，不能与激素及其他除草剂等混用	10
吡氟乙草灵	12.5% 乳油	1 年生禾本科杂草	50～160 毫升 /（667 米^2·次），喷雾	10

第十章 采收、处理与贮运

一、采　收

（一）采收期的确定

板栗成熟的标志：栗苞呈黄色，苞顶裂成“十”字形，栗果褐色有光泽。板栗的采收期因品种而异，一般早熟品种9月上旬采收，当刺苞由绿色变成黄褐色并有30%～40%的刺苞顶端微微呈十字开裂时采收较合适。耐贮藏的中晚熟品种，9月下旬至10月下旬采收较好。阴雨天气以及雨后初晴和晨雾升平的时候不要采收。

（二）采收方法

1. 自然落果采收法　栗子成熟后，总苞（栗蓬棱）开裂，果实可自然落下，每日早晨拾取。这样采收，果肉充实饱满，可提高产量，耐久藏，但采收期长。

2. 打落法　可一次完成采收任务，即总苞大部分变为黄褐色，有部分总苞开裂时，用木杆轻轻打落。采收后，将总苞堆积覆盖，干燥时随时洒水。数日后总苞全部开裂，取出果实。

以上两种采收方法可结合应用，一株树上早熟的用自然落果法采收，晚熟的可打落采收，这样可缩短采收期。自然落果采收必须

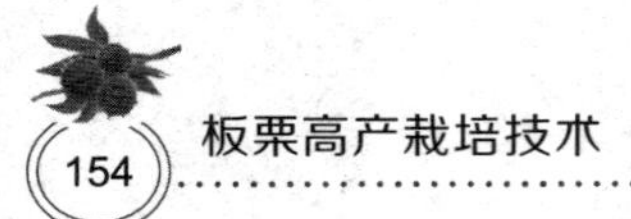

在栗子成熟前于株行间“刨树场”，铲除杂草，平整土地，这样落下来的栗子不致丢失，容易拾捡。

二、果实处理

（一）采收后处理

到了板栗采收季节，带外壳的板栗采收后，须经过一段存贮过程，板栗才能剥壳出售。贮存阶段必须抓好 4 个技术环节。

1. 浸药 将板栗装入筐内，置于 0.2% 敌百虫药液内，浸泡 5～7 分钟，然后提出来倒入大堆。药液严禁使用对硫磷、磷化镁等剧毒农药，以确保消费者健康。

2. 堆积 板栗堆积过厚，容易造成霉烂；过薄则造成风干，影响口感。堆积的厚度以 50～60 厘米为宜，呈圆台形。堆积的地点要选择地势平坦的背阴处。

3. 覆草 板栗堆好后，表面要盖一层青草，厚度为4～6厘米，这样不仅能保持板栗原有的色泽，而且能保持栗堆的温度，使板栗外壳自然裂开，为剥出栗子打好基础。

4. 保湿 每隔 4～5 天向栗堆泼 1 次水，泼水要均匀、缓慢，让水充分渗入栗堆，每次泼水量以 1 米^3 板栗 0.5 米^3 水为宜，使用的水应是无污染的井水或自来水。

（二）贮前处理

板栗向来有“干果之王”的称誉，具有补脾健胃等药效，也是制作各种食品糕点的好原料。但板栗在贮藏时失水会造成干烂，湿度过大又会造成霉烂，所以应使用科学的方法进行贮藏。

采收后栗苞温度高，水分多，呼吸强度大，不可大量集中堆放。可选阴凉通风场所，将栗苞摊成 50～100 厘米厚的薄层，堆上盖少许杂草等物，每隔 5 米左右插一竹竿，以利通风降温和散失部

分水分。堆放 7 天后将板栗从栗苞中取出，剔除病虫果及等外果，将好果于室内明亮处摊晾，3～5 天后便可入贮。

注意：堆放时间不宜过长以防腐烂；摊晾过程中应避免板栗风干失水。

（三）防虫处理

1. 熏蒸法　在 10 米^3 房间用 2～5 千克二氧化硫或 18 克 52% 磷化铝熏蒸 24 小时。

2. 温水浸杀法　用 50～55℃温水浸果 15～30 分钟或 90℃热水浸果 10～30 秒钟，杀虫率可达 90% 以上。

3. 浸水法　将板栗放入容器内用清水浸没，每日换水 1 次，经 5～7 天害虫便窒息而死。

4. 密闭法　在密闭室内以 100 米^3 用 1.5 千克二氧化碳的比例密闭 18～28 小时。防虫处理用二硫化碳熏蒸，用量为 50 克 / 1 000 升，在密闭的箱、坛或房间中熏蒸 18～24 小时。

5. 低氧处理　将栗果放入塑料袋内，充入氮气替代部分氧气，当氧气浓度降至 3%～5% 时密闭。4 天后栗果内的害虫可全部死亡。

6. 辐照　用钴射线辐照。

（四）防腐处理

1. 盐浸法　将板栗在 15℃清水中浸 5 天或用食盐水浸洗。

2. 药物处理法　用 0.1% 高锰酸钾溶液浸果 1～2 分钟，或 1.5% 亚硫酸钠溶液浸果 36 小时，或甲基硫菌灵 500 倍液浸果 5 分钟，也可用 1% 醋酸浸泡 1 分钟。

3. 其他方法　用 80%～85% 二氧化碳气体或热空气处理，效果较理想；用虫胶涂料浸涂、打蜡，可减轻腐烂，用 100～1 000 千拉德射线辐射也可灭菌消毒。防腐处理用 500 毫克 / 升的 2，4—D 或 200 毫克 / 升甲基硫菌灵溶液浸果 3 分钟，可起到良好的防腐效果。

（五）保湿处理

用竹篓装好的板栗连篓放入水池的清水中浸洗2分钟，搅动几下，捞出漂浮果，稍沥水即可入藏。水池中水脏后要换清水。贮藏前期再用清水浸洗4～5次。

（六）防止发芽处理

1. 药剂处理 采用青鲜素1000毫克/升或萘乙酸1000毫克/升，可抑制发芽。

2. 涂被或打蜡处理 涂被是指在果实表面涂上一层薄膜，使发芽孔受封，隔绝空气，抑制发芽。打蜡的效果相同。

3. 气调处理 将果实置于高浓度二氧化碳（15%）环境中一段时间，或采用5%二氧化碳和3%～5%的低氧贮藏，也可抑制栗果发芽。

4. 辐射处理 在采收50～60天后，用钴射线照射（100 Gy，20分钟），可抑制发芽。

5. 盐水处理 贮前及贮藏期间，栗果在2%食盐加2%碳酸钠的混合溶液中浸泡1分钟，有明显的抑芽效果。

6. 低温处理 采收后及整个贮藏期内一直将栗果置于温度1～3℃、空气相对湿度80%～85%的环境中，发芽很少。

三、包装与标志

（一）包　装

成熟的板栗含水率为47%～50%，冰点在-3℃。板栗采摘后，在常温下生理活性强，20℃时呼吸热很高。因此，板栗属于易腐果品，铁路运输部门也将其列入鲜活货的运输范围。板栗产生变质、腐败的主要诱因是自身的呼吸、贮藏环境中的温度、气体成分、湿

度，以及微生物病害。

1. 自身的呼吸　板栗的呼吸作用越旺盛，各种生理生化过程进行得越快，采收后贮藏的寿命就越短。板栗的呼吸也与其他果蔬一样，分为有氧呼吸和无氧呼吸。有氧呼吸是从空气中吸收氧，将糖、有机酸、淀粉及其他物质氧化分解为二氧化碳和水，同时放出能量（大量的热）。这就是板栗贮放中发热变霉的原因之一。而无氧呼吸释放的能量比有氧呼吸少，但在无氧呼吸过程中产生大量的乙醇和乙醛及其他有害物质会在细胞中积累，并扩散到其他组织中去，使细胞中毒。因此，我们在包装过程中既要设法抑制呼吸，又不可过分抑制，应该在维持产品正常生命的前提下，尽量使呼吸作用进行得缓慢些。

2. 温度　温度是影响板栗贮藏寿命的重要因素，温度升高板栗的呼吸会加快，不但会引起呼吸的量变，还会引起呼吸的质变。另外，贮藏环境温度波动大更会刺激板栗水解酶的活性，促进呼吸，增加消耗，缩短贮藏时间。

3. 气体成分　包装环境内的气体成分也会影响板栗的贮藏效果，如氧气、二氧化碳、氮气及乙烯等气体。如适当降低氧气浓度，提高二氧化碳浓度，既可抑制呼吸，又不会干扰正常的代谢。但当氧气浓度低于2%时，有可能产生无氧呼吸，会大量积累乙醇、乙醛，造成缺氧伤害。

4. 湿度　一般而言，湿度低有利于保鲜，但对于板栗而言，由于板栗本身含水率较低，故而板栗贮藏要求有较高的湿度，空气相对湿度应在80%～90%。

5. 微生物　微生物对板栗贮藏影响也很大，它是导致板栗腐烂的主要原因之一。微生物主要通过气流传播，它的存在和生长与湿度、温度、气体成分密切相关。因此，板栗的贮藏场地、空间和包装，以及板栗实体必须做好灭菌工作，特别是要选择有效实用的杀菌剂。

现将板栗防霉保鲜包装技术简单介绍一下，即配制一种以聚乙烯醇为基质的保湿保鲜剂，用法有两种。

第一，将该保湿保鲜剂用 80℃热水按 1% 的比例溶于水中，得到 1% 的板栗保鲜液，然后用该保鲜液浸泡精选后的板栗，浸泡 20～30 分钟，捞出晾干水分。保湿保鲜剂溶于水时，必须均匀缓慢地搅拌，待保湿保鲜剂全部溶解后，再将板栗倒入保鲜液中。板栗在保鲜液中也要轻轻搅拌，使板栗表面均能吸附保鲜液，并在表面形成一层保鲜膜。

板栗浸泡半小时后捞出晾干，然后装箱或装袋。装箱方式是用瓦楞纸箱，一层板栗铺好后再盖上一层瓦楞纸板，依次使纸箱装满，每箱重 5～10 千克，然后封箱常温保存。这样便可安全存放，保鲜达 3～5 个月。好果率均在 95% 以上，而每 500 克板栗成本增加不到 0.1 元。用塑料袋包装时，袋中应放入发泡聚苯乙烯（EPS）塑料泡沫碎片（颗粒），塑料袋应开有孔，孔面积占袋面的 30% 左右。

第二，用前述的保湿保鲜剂分别浸泡板栗和锯木屑。浸泡液的浓度仍为 1%，板栗浸泡 20～30 分钟后捞出晾干，而锯木屑在浸泡液中浸泡 20 分钟后捞起，使之含水率为 70%，然后一层锯木屑一层板栗，以这种方式装入竹筐中，每筐 20 千克为宜。放于室内常温保贮。该法保鲜效果很好，其成本也很低，每 500 克成本增加也不到 0.1 元，而且便于管理。贮藏半年左右基本不烂、不失水、不发芽。

上述两种防霉保鲜包装方法都不需特殊的设备和条件，方法简单，也不需降温设施，且保湿保鲜剂属于粉状，用热水溶解便可使用，易于掌握，效果良好，很有推广和应用价值。

（二）标　志

多数人不注意包装标志，认为只要产品质量过关即可销售。其实不对，产品的包装标志很重要，它就像产品的身份证，可以清楚、明确地表明产品的主要特征。包装标志主要包括：产地、品

种、规格、重量、生产日期、注意事项和产品介绍。良好的包装标志可以提高产品的知名度。

四、果实运输

栗果采收后，贮藏期间或贮后需要运往外地或出口，就涉及运输。加强运输管理是减少栗果损耗的一个重要环节。

准备运输的栗果包装必须采用麻水浸水保湿的双层麻袋，或将粟果装入打孔塑料袋内，再用麻袋套在塑料袋外。起运前的栗包堆放不宜过于集中，保持上下间隔，以利于通风，防止栗果发热霉烂变质，最好采取夜间运输，路途较长应注意途中随时喷洒水，保持果实湿润，防止失水干燥。在运输过程中宜轻装轻卸，防止造成机械伤害，特别要注意避免高温度、高湿度的环境及日晒雨淋等。

五、果实贮藏

板栗的特点是怕热、怕干、怕水，怕在贮运期间条件不当引起失重、发芽、虫蛀、腐烂变质（黑嘴）。一般中、晚熟品种较耐贮藏，如油栗、羊毛栗等。

（一）贮藏的适宜条件

通常最适宜贮藏的温度为 1～14℃，最低不能低于 –3℃，温度过高会生霉变质，温度过低则会造成冷害。贮藏环境要求湿润，但不可太湿，一般空气相对湿度为 90%～95%，气体成分以 10% 的二氧化碳和 3% 的氧气为好。一般贮藏环境中氧气的浓度低于 1% 时，大部分产品会无氧呼吸，造成代谢失调，发生低氧伤害。

（二）贮藏中常见的病虫害

危害板栗的害虫，常见的有象鼻虫和栗食蛾两种，它们每年发生 1 次，均以幼虫蛀食栗肉危害。象鼻虫的成虫于 7～8 月份出现，以口器在栗实上穿孔，将卵产入果实内部，卵孵化出的幼虫便在果实内部蛀食栗肉而生长；栗食蛾的成虫于 8～9 月份出现，在栗刺上产卵，卵孵出的幼虫蛀入栗壳内，蛀食栗肉而生长。

防治病虫害应在果实采摘之前，以清园消毒为主。冬季将栗园内的落叶和杂草收集焚烧，深翻土壤，将老熟的幼虫埋入深层土壤和修剪病残枯枝是防治的根本办法。但是贮藏前也要进行必要的杀虫处理，其方法是二氧化硫每立方米空间用 1.5 克，熏蒸 20 小时。

（三）常见的贮藏方法

1. 沙藏 适用于广大农村，经济又实用。方法有两种：①选通风、干燥的房间或平坦通风干燥之地（上用麦秸等搭棚），按 1 份栗果 2 份沙（不带泥土）的比例堆贮，一层栗一层沙，栗果不可外露，每层栗果不超过 10 厘米，最后整个堆面盖一层面沙。沙子湿度应保持手握成团松开即散。每周喷水 1 次，不可过干或过湿。此法可贮藏 70～90 天。②选一干燥、通风、无鼠害的空屋，在底层铺一层厚 15 厘米的湿沙（湿度以不流水为宜）放一层栗果，再盖一层 3～5 厘米厚的湿沙，如此反复堆高到 60 厘米，最上面盖一层 15 厘米湿沙，堆宽不能超过 2 米。每隔 20～30 天检查、翻动 1 次，可贮藏 70～80 天。

2. 带壳贮藏法 选阴凉通风的室内，也可在排水良好、阴凉的露地堆放带壳板栗。堆的大小以宽 1～2 米、高不超过 1 米为宜。要经常检查温、湿度，若发现堆内发热或干燥，可泼水降温补湿。在堆上覆盖稻草或高粱秆以防冻和防晒，堆下最好预先铺上 10 厘米厚的沙子。此法可贮到翌年 3～4 月份，新鲜度好，腐烂少，但发芽的栗果较多。带刺壳贮藏法是将带刺壳的栗苞装在竹筐或堆放在混凝土地面上，进行杀虫消毒。其方法是将带刺栗苞堆放一层后，用 50% 敌敌畏乳油 1 000～2 000 倍液喷洒，依次放一层喷 1 次。

堆好后用塑料薄膜盖严熏蒸，可以杀灭专食栗肉的栗螟虫。

3. 干贮法　将成熟栗果浸于盛满清水的桶内，除去上浮的栗果，浸没 3～5 天，捞出放入竹篮中，挂在阴凉通风处，让其自然风干 20～30 天后，然后装入洁净的坛中，放至七八成满，每月翻动 1 次，可贮到春节，好果率在 95% 以上。

4. 缸藏法　在洗净晾干的缸底先垫上一个竹帘子，缸中央竖立一通气竹筒，将栗果倒入缸中，按一层栗子一层松针铺放，最后用松针覆盖，缸口也盖上竹帘子，以防老鼠危害，松针每个月换 1 次。此法亦可贮到春节后，好果率在 90% 以上。

5. 醋酸处理竹箩贮藏法　栗子采收后，先散放 3～4 天，然后用 1% 醋酸浸果 1 分钟，滤干后装入竹箩内，每箩 20 千克，顶上撒些新鲜松针，然后用塑料薄膜盖住，贮藏 1 个月内要求浸泡 4 次。翌年 3 月份，可用 2% 食盐加 2% 纯碱溶液浸泡 1 次，继续贮藏 45 天后，好果率仍在 85% 以上。

6. 醋酸或盐水浸栗贮藏　将浸过 1% 醋酸液的果装入筐（篓）中，筐篓底部垫放一些新鲜松针，后用薄膜覆盖贮藏；开贮后第一个月每周浸洗药液 1 次，以后每月浸洗 1 次。此法可贮藏 140 天。若要续藏，则用 2% 盐水加 2% 纯碱液浸泡 1 次，又可延长贮藏期 1 个月左右。

7. 锯末、河沙混藏　选阴凉、通风、无鼠害的水泥地面房屋，将板栗与河沙、锯末按 1∶3～4 的比例混合堆放；11 月中旬前为后熟预贮期；11 月中旬至翌年 2 月初要逐渐关闭门窗和定期喷水，保持室内空气相对湿度 90%；2 月初至 4 月中旬适当降低充填物湿度，继续覆盖并保持室内空气湿度。

8. 沟藏　选一排水良好之地，挖一宽 1 米、深 60 厘米、长自定的沟；沟底铺一层 8～10 厘米湿沙，沙上放一层栗果，如此反复，至堆满沟为止。堆贮时每隔 1.5 米竖立 1 捆秫秸或 2～3 根中空竹竿，以确保通风；堆面封冻前，沟上用土培成屋脊状。可贮 60～90 天。

9. 薄膜袋贮藏 用微湿的沙混合栗果贮藏1个月后，将栗子装入薄膜袋贮藏。为防霉腐，装袋前要用50%甲基硫菌灵可湿性粉剂500倍液浸果10分钟，晾干后再装袋。薄膜袋厚0.05毫米，每袋装25千克为好，袋两侧各打1个直径1厘米的小孔，以利于通风透气。此法约可贮藏3个月。

10. 液膜贮藏 将经1个月发汗处理的栗果，用50%甲基硫菌灵可湿性粉剂或多菌灵500倍液浸洗消毒，阴干，用虫胶4号、6号或20号涂料原液加2倍水搅匀后浸果5秒钟左右捞出，晾干后装入箱（筐）中贮藏。常温贮藏每10天检查1次，剔除坏果。此法约可贮藏100天。若贮于0～3℃低温下，则好果率可超过90%。

11. 硅窗气调贮藏 将预贮发汗的好果用清水洗净晾干，用50%甲基硫菌灵可湿性粉剂500倍液浸泡3分钟，捞起晾干后装入120厘米×80厘米聚乙烯保鲜袋（每袋装果25千克），袋中部镶嵌一厚0.08厘米、面积8.5厘米^{2}的硅橡胶膜作透气口，整袋放入低温环境贮藏，可贮藏80～100天。

12. 冷藏法 在南方温度较高的地方适用此法，即用麻袋或竹篓装上板栗，篓内填垫防水纸，放于冷库中，温度控制在1～3℃，空气相对湿度保持在91%～95%，最好每隔4～5天在麻袋外喷水1次，以保持适宜湿度。冷藏是目前板栗保鲜的最好方法。南方库温为1～3℃，北方为0～2℃，空气相对湿度80%～95%。

13. 泥土贮藏法 将板栗采收脱去刺壳后立即贮藏，不宜放置很长时间，以免失水变质。方法是在房内或屋外地面挖一个方形土坑，大小按数量而定，深约1米，也可采用砖块砌成贮栗仓库。贮栗泥土可使用晴天在板栗树下挖取的表层细土，用筛子筛去杂物，注意不可过干或过湿。先将板栗用80%代森锌可湿性粉剂50克，兑水20升浸洗30分钟后捞起，晾干表面水分。贮藏坑底和四周用塑料薄膜垫好，放一层约5厘米厚的板栗，板栗上盖一层约3厘米厚的细土，如法依次贮放，最上面盖25厘米厚的细土，然后用薄膜盖严，压平即可。

14. 架藏法　在阴凉的室内或通风库内，用毛竹制成贮藏架，每架3层，长3米、宽1米、高2米，架顶用竹制成屋脊形。架藏前将板栗散放在室内散热2～3天，以板栗失重在8%左右为止。贮藏前先将板栗清洗一下，剔除小、嫩、虫、伤果。装入25千克装的箩筐中，然后与箩筐一起浸泡在清水里，提起后即可放在竹架上贮藏。用此法贮藏板栗144天，保鲜率84.2%，霉烂率11%，无发芽现象。也可以用1%醋酸代替清水处理，可贮至翌年4月份，好果率85%以上。

15. 气调贮藏　气调贮藏是一个很有效的贮藏方法，但必须注意二氧化碳的积累，二氧化碳不得超过10%。避免由于二氧化碳浓度过高，使板栗受伤而变苦或褐肉。应用碳分子筛气调机贮藏板栗（气调大帐），将氧气和二氧化碳的指标控制严格，能有效抑制萌芽和霉烂，实现周年供应。

（四）栗种贮藏

板栗种子在贮藏过程中易霉烂，失水。经试用蜡封贮藏法，可收到理想效果。具体做法如下。

1. 适时采收　适时采收是影响板栗种子安全贮藏的关键。做种子用的板栗要让其充分发育成熟，果肉充实饱满，水分含量较低，可显著提高其自身耐贮藏的能力。

2. 蜡封前的处理　板栗种子在蜡封贮藏前要进行必要的筛选分级和防虫防腐处理。在密闭的室内用磷化铝虫剂熏蒸24小时，可有效防止虫害，每立方米放置56%磷化铝片剂18克或用甲基硫菌灵500倍液浸种3分钟可防腐。浸种时粘在种皮上的药液要充分晾干。

3. 蜡封　将购来的石蜡用大铁锅熬化，液体石蜡的温度控制在90～100℃之间。将待处理的板栗种子，用特制的大眼漏勺（用粗2毫米左右的铁丝编制成平底最好）每次盛0.5～1千克种子，迅速浸过熬化的液体石蜡，蜡封种子从石蜡中舀的短暂过程中，要用力摇动漏勺，一方面确保每粒种子完全沾蜡，另一方面防止种子间的互相黏合。然后将蜡封的种子摊晾到干净的水泥地面上。在蜡封种子的过程中，要随时添加固体石蜡，使锅内液体石蜡保持一定水平面，同时还要随时测量液体石蜡的温度，不能超过 100℃。超过 100℃时要控制用火，降低温度。

4. 存放 将蜡封好的板栗种子装袋存放到温度 5～10℃的室内，用粗 30～40 厘米的塑料编织袋为宜，种子装深 50 厘米较好，不封口，袋与袋之间留 5～10 厘米的空隙，单层摆放。

六、产品的安全优质标准

（一）产品规格

我国板栗主要出口日本和东南亚等地区，出口的板栗要求病虫果率不高于 2%，栗果大小均匀，80～150 粒 / 千克为一等栗，160～180 粒 / 千克为二等栗，三等栗每千克多于 180 粒。二、三等燕山板栗主要用于国内糖炒和加工。我国南方栗和北方栗的分级标准不同，分级的标准因国家、栗种不同而不同。

栗果分级的目的是使产品标准化。通过挑选分级剔除病虫腐烂果、未完全成熟果，按照栗果大小分成不同的等级，按质论价，便于销售、贮藏和加工。通常采用的板栗分级标准如下。

1. 良质板栗 果粒个大、均匀、饱满、充实，手捏时不塌瘪，表面为红、褐、黑褐色或赭石色，成熟而有光泽，无虫蛀、风干、裂嘴、霉烂、破损等现象。一般购买时总体指标掌握为每千克 200 粒以下，虫蛀、风干、裂嘴、霉烂 4 项不超过 5%。

2. 次质板栗 果粒小而不饱满，成熟度差，手捏时表皮可略塌瘪，果皮色泽暗淡无光。一般购买时总体指标掌握在每千克 200 粒以上，虫蛀、风干、裂嘴、霉烂 4 项超过 30%。

3. 劣质板栗 果壳有虫蛀口、瘪印、皮色变黑，生有霉斑，果肉干瘪或软烂变质。

（二）感官指标

1. 优质鲜栗果感官指标

（1）外观　果实成熟饱满，具该品种成熟时应有的特征，果粒大小均匀，果面洁净，富有光泽。

（2）平均果重　小型果 5.0～6.4 克；中型果 6.5～9.9 克；大型果≥ 10.0 克。

（3）种仁颜色　淡黄色、黄白色。

（4）风味　香、甜、脆、无异味。

（5）虫蛀、霉烂果　≤ 1%。

无杂质。

2. 蒸煮锥栗感官指标

（1）外观　果粒大小均匀，外表具本品种应有的纹理，有光泽，果粒大小均匀。

（2）平均果径　小型果 1～1.8 厘米；中型果 1.91～2.4 厘米；大型果 2.4 厘米以上。

（3）种仁颜色　栗黄色。

（4）风味　肉质柔软、香甜、富糯性、无异味。

（5）虫蛀、霉烂果　≤ 1 %。

无杂质。

3. 糖炒锥栗感官指标

（1）外观　果粒大小均匀，外表发亮。

（2）平均果径　小型果 1～1.9 厘米；中型果 1.9～2.4 厘米；大型果 2.4 厘米。

（3）种仁颜色　栗黄色且透明。

（4）风味　香甜、富糯性、无异味。

（5）虫蛀、霉烂果　≤ 1%。

无杂质。

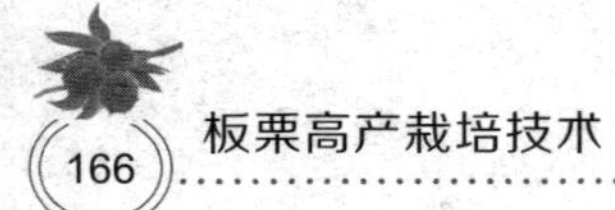

（三）理化指标

理化指标应符合表 10–1 的规定。

表 10–1 理化指标 （单位：%）

项 目	指 标
含水率	鲜栗果 45～55 蒸煮锥栗 20～30 糖炒锥栗 40～50
淀 粉	鲜栗果 65～70 蒸煮锥栗 40～60 糖炒锥栗 62～72
蛋白质	≥6
脂 肪	鲜栗果 1.5～3 蒸煮锥栗 1.3～3 糖炒锥栗 1.5～3.2
水溶性总糖	鲜栗果 9～13.5 蒸煮锥栗 6～9 糖炒锥栗 6.5～8

注：表中除含水率指标外，其余项目为干基指标。砷含量按 CB/T 5009.11 执行；汞含量按 GB/T 5009.17 执行；有机磷按 GB/T 5009.19 执行。

（四）卫生安全标准

1. 板栗生产卫生安全标准 无公害农产品是指按照规定的技术规范生产，产地环境、投入品使用和产品质量符合国家强制性标准的安全农产品。绿色食品是指按照规定的技术规范生产，产地环境优良，实行全程质量控制，无污染、安全、优质的食用农产品及加工品。有机食品是指按照有机农业生产方式生产，不使用化学合成的农药、兽药、肥料、饲料添加剂等投入品，不使用基因工程技术获得的农产品。

2. 板栗加工卫生安全标准

（1）原料　经过挑选和检验，符合有关卫生标准或规定的原、辅材料才能进入生产作业线。

（2）用水　必须是符合标准的饮用水。非饮用水经主管部门核准合格后方可用于生产蒸汽、制冷、消防等不接触食品的诸方面；经过特别批准也可用于某些不致构成有碍卫生的食品处理部分。使用循环水必须经主管部门批准，并在经常的监督下进行严格的处理后保证不危害产品。不经处理的循环水只准用于对食品不造成污染的场合。

（3）加工　要在专业技术人员的监督管理下进行。生产过程中的各个工序要前后紧接进行。工艺条件要尽量减少原料中原含有的细菌数，更要防止微生物或其他物质的进一步污染。罐头食品的杀菌要达到商业无菌的要求。来不及处理的原料应妥善暂存，根据性质进行冷却、冷藏或巴氏杀菌。

（4）包装　包装材料应适合所包装食品的性质，适合预期的贮藏条件，其中可能转移到食品中的不良物质的量不得超过法定的限度。食品容器不能移作他用，以免辗转污染食品成品。包装容器应该在临用之前进行检查，以保证使用时情况良好，并且根据需要在使用之前进行清洗和（或）杀菌。在充填工序的场地上只允许存放即将使用的容器。充填包装必须在不受污染的条件下进行。每个容器的充填量要恒定，各种容器应根据要求进行封闭。

（五）株产量、单位面积产量

板栗产量的构成因素有三：即结果母枝数量、雌花数量和单粒重。单位土地面积上拥有足够数量的结果母枝，是获得较高产量的先决条件。一般认为，若预期每667米^{2}产量为250～300千克时，每平方米树冠投影面积应保留8～12个健壮的（基部直径0.6厘米以上、长25厘米左右）结果母枝。保留的结果母枝，一是要数量适度；二是要势力均衡。成花数量少一直被认为是板栗低产的主要原因，但随着优良品种的推广应用及雌花促成技术的研究进展，这种情况已有显著改观。据调查，实际每667米^{2}产300千克左右的栗园，须有雌花17 000个左右，即每生产0.5千克果实，需要保证有30个雌花。所以，在集约栽培中，提高雌花成花数量是非常重要的。虽然每个品种都有其相对稳定的单粒重，但受栽培管理水平等诸多因素的影响，变异幅度也很大。如有的试验园红光品种平均单粒重为12.5克，变异幅度为7.5～15克。单粒重在一定幅度内，可以通过栽培措施使其有较大程度的提高，进而提高单位面积产量。以每667米^{2}产250千克（中上等产量水平）的栗园为例，设每千克栗实100～120粒，若每粒增重1克，则每667米^{2}可增产25～30千克。

京东板栗是一种重要的木本粮食，一向有“干果王”的美誉。它也是一种一年种、百年收的“铁杆庄稼”。1棵成年栗树，1年结果20千克左右，一些生长旺盛的大栗树，年结果量可达100千克以上。京东板栗的产量、质量和出口量，在全国都居第一位。

有人曾进行了不同树形对板栗叶幕微气候和光合特性影响的研究，提出了以开心形修剪为中心的板栗密植园丰产栽培及低产林改造技术体系。3年生密植园每667米^{2}产量达100千克，盛果期每667米^{2}产量可达220～300千克。密植低产林改造后产量由原来的每667米^{2}不足25千克，上升到每667米^2 250千克。

附　录

附录一　板栗高接换优技术规程

1　范围

本标准规范了板栗高接换优的技术规则。

本标准适用于陕西省板栗林实生建园后高接换优及低产园改造。

2　规范性引用文件

下列文件对于本文件的应用是必不可少的。凡是注日期的引用文件，仅所注日期的版本适用于本文件。凡是不注日期的引用文件，其最新版本（包括所有的修改单）适用于本文件。

DB61/ T 536.1—2012 板栗育苗技术规程

3　高接换优对象

3.1　实生板栗

两年生以上，根茎粗度在 1.5 厘米以上。

3.2　野生栗树

树龄在三年以上，根茎粗度在 2 厘米以上。

4　高接时间

4.1　在砧木芽萌动至抽新梢时，以芽膨大期至展叶盛期为最好。

5　接穗的选择及处理

5.1　按照 DB61/ T 536. 1—2012 的规定处理。

6　高接方法

6.1　砧木接口直径超过 2 厘米，用插皮接、腹接法；砧木接口直径小于 2 厘米，采用劈接、切接法。

6.2 嫁接部位按树的大小而定，树木胸径超过 8 厘米时可在分枝上高接，嫁接部位离分杈处 50 厘米；胸径小于 8 厘米时可直接在主干上截头高接，高度不超过 1 米，嫁接 2～4 个接穗。

7 接后管理

7.1 抹芽除萌摘心

及时抹掉砧木上萌发的不定芽，剪除根部萌蘖。在 5 月中旬和 6 月上旬对接穗上萌发的新梢分别进行摘心，促使其分枝，提早成形。

7.2 绑缚立柱

接穗萌发后，将新萌发的枝条牢固绑缚在支柱上，以防风吹折断。待新梢生长至 20 厘米，及时解除绑条。

7.3 防治虫害

5 月上中旬和 6 月上旬各喷洒一次 25% 灭幼脲三号 1 500 倍液。

7.4 除杂、垦复、施肥

高接的板栗树，在第一至第二年要进行除杂、垦复、施肥，以增强树势，促进其提早结果，早期丰产。

附录二 板栗丰产栽培技术规程

1 范围

本标准规定了板栗建园、土肥水管理、整形修剪及病虫害防治技术规则。

2 板栗建园

2.1 选址

园地选择在阳坡、半阳坡，低山丘陵，也可以选择在半阴坡、阴坡。秦岭南坡海拔 1 500 米以下，秦岭北坡海拔 1 200 米以下。

2.2 气候条件

年平均气温 8.5～10℃，4～10 月份平均气温 18～22℃，1 月份的月平均气温大于 -10℃，冬季最低温度不低于 -25℃；果实发育期有效积温 2 200～3 000℃；开花期适温为 17～27℃，无霜期 180 天以上。年日照时数在 1 400～1 900 小时，日照率 50%～60%。

2.3 土壤条件

建园适宜土壤类型为褐壤土、沙壤土、壤土等，土层超过 40 厘米，排水良好，地下水位低，土壤 pH 值 5.8～6.8，有机质含量在 0.7% 以上，并含多种矿质营养元素。

2.4 水分条件

年降水量 500 毫米以上。

3 土地整理

3.1 整地时间

栽植前一年的秋天。

3.2 整地方式

3.2.1 按地势、走向、坡度，确定整地方式。

3.2.2 坡度 15° ～20° 的丘陵地，沿等高线挖壕，壕宽 1～1.5 米，深 0.8～1 米，壕间等高差 4 米，把表层土回填壕里，壕面外高里低。有浇水条件的要浇水沉壕，无浇水条件的要等过一个雨季再定植。坡度在 15° ～25° 的土、石相间的山地，修石坝梯田，梯田宽度因坡度而定，一般是 1.2～1.5 米，沿等高线修筑。梯田坝墙牢固，梯田面外高里低，内侧挖排、蓄水沟。

3.3 土壤改良

沙滩地要掺入黄土进行土壤改良；黏重的土壤要掺入沙土改良。

4 品种选择

4.1 遵照区域化和良种化原则，结合当地自然条件，选择适宜当地栽培的优良品种，实行适地适栽。引进品种必须经过检疫，并在隔离区进行品种区域试验。

5 品种配置

5.1 大型栗园（面积在 66 公顷以上）需配置 5 个以上品种；小型栗园（面积在 10～65 公顷）配 3～5 个品种；一个小区可配 2 个品种。

6 栽植

6.1 栽植时间

春栽 3 月下旬至 4 月上中旬。秋栽在栗苗落叶后至土壤封冻之前。

6.2 栽植密度

根据土壤和立地条件，55～74 株 / 667 米 ^{2}。

6.3 苗木处理

栽植前要对苗木进行消毒，剪除受伤根和腐烂根，并在清水中浸泡 12～24 小时。

6.4 栽植要求

栽植前要挖好植穴，定植穴长、宽、深均 80 厘米。每穴施入有机肥 25 千克，肥与表土混合填入穴底。栽植时将在苗木放入定植穴中央，覆土、提苗、踩实，使苗木根颈部高于地面 10 厘米，灌水下渗后根颈要与地表相平。

6.5　栽后管理

栽植后及时浇水，20 天后再浇水 1 次，用地膜覆盖保墒。浇完第一水后要及时定干，定干高度 60～80 厘米。雨后要及时松土除草，并追施氮肥 2～3 次，每次 25 克 / 株。

7　栗园管理

7.1　土壤管理

每年土壤解冻后中耕一次，6 月下旬至 8 月上旬对梯田或树盘整修一次，结合施肥、压绿肥深翻一次，深度 30～50 厘米。幼龄林在栗园郁闭前可以间作豆科作物。成龄林在采收后，要把杂草、叶片、枯枝等埋入树下沟内，沟深 50 厘米以上。提倡园地土壤生草管理。

7.2　施肥

7.2.1　施肥原则

以有机肥为主，化肥为辅。

7.2.2　允许使用的肥料种类

7.2.2.1　农家肥料

沤肥、粪肥、厩肥、沼气肥、绿肥、作物秸秆肥、饼肥等。

7.2.2.2　商品肥料

有机肥、无机（矿质）肥、腐殖酸类肥、微生物肥、叶面肥等。

7.2.2.3　其他肥料

不含有毒物质的废料、废渣，以及经农业部门登记允许使用的肥料。

7.2.3　禁止使用的肥料

未经无害化处理的城市垃圾或含有金属、橡胶和有害物质的垃圾。

硝态氮肥和未腐熟的粪肥和厩肥。

未获准登记的肥料产品。

7.2.4　施肥方法和数量

7.2.4.1　基肥

10 月中下旬施有机肥。幼龄树以穴施为主，施肥量 20 千克 / 株；

成龄树以沟施为主，施肥量 30 千克 / 株。

7.2.4.2　追肥

土壤解冻后，在树冠下外缘沟施一次氮肥，深度 20 厘米，幼龄树 0.2～0.3 千克 / 株；成龄树 0.3～0.8 千克 / 株。6 月下旬至 8 月下旬，随透雨施 2～3 次复合肥，沟施或穴施，深度 20 厘米，幼龄树 0.5 千克 / 株；成龄树 1.0 千克 / 株。

7.2.4.3　叶面喷肥

开花前喷一次尿素，开花后 20 天左右再喷一次尿素；8 月上中旬至 9 月上旬喷一次磷酸二氢钾，采收后喷尿素，浓度均为 0.3%。

7.2.4.4　施硼肥

成龄树栗园每 4 年施一次硼砂，穴施或沟施，施后要浇水。5～10年生树：0.2千克 / 株；10～20年生树：0.25千克/株；20～40 年生树：0.3 千克 / 株。

7.3　灌水与排水

3 月份萌芽前，浇一次水；6 月中旬和 8 月上中旬降水不足时各浇水 1 次；采收后浇水 1 次。无灌水条件的栗园每年要扩修树盘集水；树下覆草（秸秆、杂草等）保墒。

8　花果管理

8.1　疏除雄花序

当混合花序不足 2 厘米时，人工疏除新梢基部雄花序，疏除雄花总量的 2/3。

8.2　栗园放蜂：

每公顷放 1 箱蜜蜂。

8.3　花期喷硼

盛花期叶面喷施 400 倍的硼酸钠。

9　整形修剪

9.1　整形修剪原则

修剪的原则是冬剪为主，冬夏结合，缓、截、疏结合。树冠覆盖率控制在 80% 以内。幼龄结果树结果母枝控制在 4～8 个 / 米 ^{2}；

成龄结果树结果母枝控制在 8～14 个 / 米 ^{2}。

9.2 整形方法

9.2.1 开心形

定干高 50～60 厘米，从剪口下选出生长势强的新梢 3 个，培育成主枝，各主枝间方位错开，有一定间距，其余新梢剪除。当选留新梢长到 70 厘米左右时，及时摘心，促发二次枝培养侧枝，以后每年继续培养主枝及侧枝。主枝开张角度 45°～50°，对影响主、侧枝生长的枝及时剪除。

9.2.2 主干疏层形

定干高 60～80 厘米，翌年春选直立健壮枝作为中心延长枝，在饱满芽处短截，同时选分布均匀的三个枝条作为第一层主枝。第三年春，对中心延长枝继续短截，留长 40～50 厘米。在距第一层主枝 80 厘米处，选留 1～2 个方位适宜的壮枝，作为第二层主枝。两层主枝方位要上下错开，每个主枝要选留 1～2 个侧枝，第一层主枝的第一侧枝距主干 70 厘米，第二侧枝距第一侧枝 40 厘米左右。在距第二层主枝 60 厘米左右处，选壮枝作为第三层。对其余细弱枝、重叠枝、交叉枝等都疏除。第五年后进入盛果期，保留 6 个主枝及其侧枝，应及时除掉中心枝，落头。

9.3 结果枝组培养

9.3.1 短截结合摘心法

在幼树树冠上，选定 4～5 个健壮枝条，在第一至第三年，采用重、中短截修剪，促发分枝，结合夏季摘心 2～3 次，培养结果枝组。

9.3.2 先放后回缩法

对直立长势旺的枝条，在春季将其拉平，促发分枝；第二年在发枝较多的前端回缩，培养结果枝组。

9.3.3 利用徒长枝培养法

利用距树干较远的徒长枝进行短截，促发分枝，并在夏季对分枝多次摘心，培养结果枝组。

9.3.4 结果母枝培养法

对直立长势强的枝，从基部留隐芽进行重短截，刺激盲节以下芽萌发 2～3 个新梢，形成 4～5 个壮枝，再形成结果枝组。

9.4 老龄栗树修剪

首先落头压缩中干，逐年疏除重叠、并生、交叉大枝。对萌发的旺枝、徒长枝，冬季重、中短截，促发分枝，夏季摘心 2～3 次。对过密枝、交叉枝、细弱枝全部疏除。对冗长枝、光秃枝适当回缩，促发基部隐芽萌发新梢，对新梢生成的壮枝进行重、中短截，并结合夏季多次摘心培养结果枝组。

10 病虫害防治

10.1 防治原则

以农业防治和物理防治为基础，生物防治为核心，按照病虫害的发生规律和经济阈值，以预防为主，综合防治。具体防治方法参见附录 A 和附录 B。

10.2 农业措施

主要施用有机肥和无机复合肥，增强树体抗病能力，控制氮肥施用量，生长季后期注意控水、排水，防止徒长，保持树势健壮。发芽前刮除枝干的翘裂皮、老皮，清除枯枝落叶，消灭越冬病虫。在板栗树行间和板栗园周围种植有益植物，增加物种多样性，提高天敌有效性，控制次要病虫发生。

10.3 物理防治

根据害虫生物学特性，采取糖醋液、树干贴防虫带和黑光灯等方法诱杀害虫。

10.4 生物防治

充分利用寄生性、捕食性天敌昆虫及病原微生物，调节害虫种群密度，将其种群数量控制在危害水平以下。

10.5 化学防治

根据防治对象的生物学特性和危害特点，搞好病虫发生的预测预报工作，适时适地防治。允许使用生物源农药、矿物源农药和低毒有机合成农药，有限制地使用中毒农药，禁止使用剧毒、高毒、高残留农药。

11　采收

11.1　采收前的准备

11.1.1　树下清理

采果前把树下地表刨松、除草、整平。

11.1.2　准备堆放场地

堆放前刨松地面，用90%敌百虫晶体0.5千克或其他杀虫剂进行土壤处理，然后压平。要求场地平整、不积水，通气良好。准备好草帘，注意防鼠害。

11.1.3　存储场地

对准备存储果实的地窖、沟床、冷库提前进行清理消毒。

11.2　采收期

以总苞片缝开裂，栗果皮呈褐色或红褐色、有光泽，果座颜色呈黄褐色为采收适期。

11.3　采收方法

采取拾栗法采收，栗果成熟后会自然脱落，及时捡拾、存放。

12　板栗质量等级

12.1　板栗质量等级见表1。

表1　板栗质量等级

	项　目	特级果	一级果	二级果
以下果面缺陷	基本要求	果实完整良好，新鲜洁净，具有本品种成熟时的色泽，无病果、虫果，无异味，无不正常外来水分，果实充分发育成熟，具有本品种应有的特征，且果实安全卫生		
	果　形	端正	端正	允许有轻微凹陷或凸起
	单果重 粒/千克	10～15克/粒 66～100粒/千克	7.1～10克/粒 100～140粒/千克	7克/粒以下 140粒/千克以下
	刺　伤	无	无	无

续表 1

	项 目	特级果	一级果	二级果
以下果面缺陷	碰压伤	无	允许轻微碰压伤不超过 0.1 厘米^{2}处	允许轻微碰压伤不超过 0.1 厘米^{2}处
	磨 伤	无	允许轻微磨伤，总面积不超过果面的 1/30	允许轻微磨伤，总面积不超过果面的 1/15
	灼 伤	无	允许轻微日灼，总面积不超过 0.2 厘米^2	允许轻微日灼，总面积不超过 0.4 厘米^2
	虫 伤	无	允许轻微虫伤，不超过 2 处	允许轻微虫伤，不超过 3 处
	允许度	一级果不许超过上述 2 项缺陷，二级果不超过 3 项		

12.2　检验方法

12.2.1　各等级容许度允许的串等果，只能是邻级果。

12.2.2　容许度的测定以全部抽检包装件的平均数计算。

12.2.3　容许度规定的百分率一般以重量为基准计算，如包装上标有果个数，则应以果个数为基准计算。

12.2.4　验收容许度

a）特等可有不超过 2% 的一等果。

b）一等可有不超过 3% 的果实不符合本等级规定的品质要求，其中串等果不超过 3%，损伤果不超过 1%，虫果不超过 1%。

c）二等可有不超过 3% 的果实不符合本等级规定的品质要求，其中串等果不超过 4%，损伤果不超过 2%，虫果不超过 2%。

d）各等级不符合单果重规定范围的坚果不得超过 2%。

12.2.5　整批板栗不得有过于显著的果实大小差异。

12.2.6　经贮藏的板栗，各等级均允许有不超过不影响外观和食用的生理性病害果，且不计入果面缺陷的规定定额。

12.2.7　在整批板栗满足该等级规定容许度的前提下，单个包装件的容许度不得超过规定容许度的 1.5 倍。

附录A

（规范性附录）

板栗主要虫害防治方法

A.1　枝干害虫

A.1.1　栗剪枝象虫

a）清除果园　及时拾净落地果枝和栗苞，集中烧掉或深埋。

b）捕捉杀虫　在成虫发生期利用假死性，振动树枝，树下铺大塑料布，将成虫集中杀死。早春解冻后翻树盘，破坏越冬虫室及越冬环境条件以杀死幼虫或蛹。

c）药剂杀虫　当虫口密度较大时，在成虫出土前（在6月上旬），地面喷布辛硫磷微胶囊剂1 000倍液，或45%马拉硫磷乳油、50%杀螟松乳油1 000倍液，或2.5%溴氰菊酯乳油2 000倍液。

A.1.2　栗瘿蜂

a）修枝灭源　在栗树落叶后至发芽前对其进行精细修剪，去除有瘤瘿枝、细弱枝和无用枝，清除虫源。受害严重的栗树，可采取重修剪，除枝条基部着生休眠芽的部位外，其余都剪除，可以彻底免除受害，1年后可恢复结果。

b）保护天敌　剪下的枯瘤瘿内有寄生蜂，应用篮子盛好存放室内，使寄生蜂在瘿内安全生存越冬。翌年3月间再将篮子挂在栗瘿蜂危害严重的栗林，用纱网罩住，每2天观察1次，定期打开将羽化的寄生蜂释放林间，使其再行寄生。

c）药剂防治　受害严重的栗园，在6月中下旬成虫脱瘿外出活动盛期，选喷2.5%溴氰菊酯乳油，或10%氯氰菊酯乳油、20%杀灭菊酯乳油4 000～5 000倍液等1～2次，毒杀成虫。

A.1.3　栗山天牛

a）捕杀成虫　在成虫羽化高峰期，利用黑光灯诱杀和人工捕捉的方法扑杀成虫。

b）药剂防治　虫口密度大时，在成虫羽化期喷50%辛硫磷乳油、80%敌敌畏乳油1000倍液等杀死成虫，毒化树皮，毒杀咬产卵槽的成虫或槽内初孵的幼虫。用敌敌畏1份、煤油1份、水20份，搅拌后涂于卵槽内以杀死卵和幼虫。

c）堵虫孔　发现新鲜粪便排出的虫孔，用细铁丝钩出虫粪，塞入用敌敌畏浸过的棉球，而后用木橛将虫孔堵死熏杀幼虫。

A.1.4　栗吉丁虫

a）清除虫源　在栗树落叶后，剪除被害枝集中销毁。

b）化学防治　成虫出枝产卵前喷洒兼有杀卵作用的有机磷或菊酯类杀虫剂，杀灭成虫及卵。

A.2　果实害虫

A.2.1　栗实象

a）改善栗园条件　清除栗园内或附近的栎类杂树，秋冬季耕翻栗园，破坏越冬土室，杀死幼虫，对控制栗象的发生危害均有一定效果。

b）选用抗虫品种　在栗象危害严重的地区，可选栽栗苞大、苞刺密而长、质地坚硬、苞壳厚的抗虫品种，以减轻危害。

c）拾净栗苞　栗果成熟后及时采收，彻底拾净栗蓬，减少幼虫在栗园中脱果入土越冬的数量，是减轻翌年危害的主要措施。

d）选择脱粒、晒果及堆果场地　脱粒、晒果及堆果场地最好选用水泥地面或坚硬场地，防止脱果幼虫入土越冬。

e）毒杀脱果幼虫　脱粒、晒果及堆果场地，事先喷布50%辛硫磷乳油500～600倍液，剂量1～1.5千克/米^{2}药液，最好使药液渗至5厘米深的土层；若地面坚实或为水泥地，则可在其周围堆1圈喷有辛硫磷或拌了5%辛硫磷颗粒剂的疏松土壤等，均可毒杀脱果入土的幼虫，减轻翌年的危害。

f）热水浸种　栗果脱粒后用50～55℃热水浸泡10～15分钟，杀虫率可达90%以上，捞出晾干后即可用沙贮藏。不会伤害栗果的发芽力，但必须严格掌握水温和处理时间，切忌水温过高或时间过长。

g）栗果熏蒸　有条件的栗果收购点，在密闭条件下用磷化铝或二硫化碳等熏蒸剂处理，能彻底杀死栗果内的幼虫。磷化铝用量18克/米^3，熏蒸处理24小时；二硫化碳用量30毫升/米^3，处理20小时，灭虫率均达100%。在正常用药量范围内对栗果发芽力无不良影响。

h）药杀成虫　危害严重的栗园，在成虫即将出土时或出土初期，地面撒施5%辛硫磷颗粒剂，用量150千克/公顷，或喷施50%辛硫磷乳油1 000倍液，施药后及时浅锄，将药剂混入土中。

成虫发生期若密度大，可在产卵之前树冠选喷50%辛硫磷乳油1 000倍液，或2.5%溴氰菊酯乳油、20%杀灭菊酯乳油3 000倍液等，每隔10天喷1次，连续喷2～3次。

A.2.2　栗雪片象

a）清除虫源　在挂果栗园拣拾虫、栗苞集中烧毁或深埋以杀死越冬幼虫。

b）捡拾栗蓬　生长季节经常捡拾落虫果。因此虫发生早，前期危害幼栗苞常引起脱落，应及时剔除。

c）喷药防治　成虫盛发期，在虫口密度大的栗园树上喷90%敌百虫晶体、80%敌敌畏乳油、50%辛硫磷乳油等1 000倍液，也可喷20%杀灭菊酯乳油2 000倍液。

A.2.3　栗皮夜蛾

a）药剂防治　重点是杀卵和初孵幼虫。掌握第一、第二代卵孵化盛期，全年喷药2次，效果显著。

第一代卵6月中旬孵化率达60%～70%时，喷洒50%辛脲乳油1 500～2 000倍液；第二代卵7月下旬孵化率达70%～80%时，喷洒50%蛾螨灵乳油1 500～2 000倍液；

b）人工防治　刮树皮消灭越冬幼虫。结合修剪剪掉受害栗苞，集中烧毁，以减少虫源。

A.2.4　桃蛀螟

a）人工防治　清除越冬幼虫，冬、春季清除空栗苞、玉米、高粱、向日葵等遗株，集中烧毁，以减少虫源。

b）诱杀成虫　利用黑光灯或糖醋液诱集成虫；利用其信息素诱杀（即顺、反～10～十六碳烯醛的混合物）诱集雄蛾。

c）药剂防治　药剂治虫的有利时机在第三代幼虫孵化初期（8月上旬至9月中旬）。

A.2.5　栗实蛾

a）生物防治　人工释放赤眼蜂。

b）清洁栗园　火烧栗园内的地被物，消灭越冬幼虫。

c）药剂防治　7月下旬至8月中旬为药剂防治适期，最晚不得迟于8月末（幼虫末蛀入果前）。喷80%敌敌畏乳油、50%辛脲乳油1 500～2 000倍液。

d）清除虫源　栗实贮存场所宜用水泥地或地面铺以篷布，收集幼虫后集中消灭。

A.3　叶部害虫

A.3.1　铜绿丽金龟

a）药剂防治　6月上、中旬前后，在成虫发生危害期喷布45%马拉硫磷乳油、50%辛硫磷乳剂1 000倍液，或50%西维因可湿性粉剂500～800倍液。

b）人工捕杀　利用成虫的假死性，于傍晚进行振落捕杀。

c）灯光诱杀　利用成虫的趋光性，栗园用黑光灯诱杀。

A.3.2　银杏大蚕蛾

a）人工防治　早春结合修剪，刮除越冬卵。7～9月份结合管理摘除茧蛹。

b）药剂防治幼虫　常用杀虫剂均可。

A.3.3　燕尾水青蛾

a）人工防治　清除果园的枯枝落叶和杂草，消灭在此越冬的蛹；人工捕杀成虫和幼虫；设置黑光灯诱杀成虫。

b）药剂防治　幼虫发生期尤其是幼龄虫期喷药防治效果最佳。常用杀虫剂对其都有较好的防治效果。

A.3.4　折带黄毒蛾

a）清除虫源　冬季清除落叶、杂草，刮除粗树皮，杀灭越冬幼虫。

b）人工防治　及时摘除卵块，捕杀群集幼虫。

c）药剂防治　低龄幼虫危害期采用触杀剂、胃毒剂、神经毒剂等均可药剂防治。

A.3.5　栗毒蛾

a）人工防治　冬春刮除卵块；捕杀初孵幼虫、蛹和成虫。

b）幼虫防治　幼虫孵化盛期可喷 50% 辛硫磷乳油 1000 倍液，或 20% 杀灭菊酯乳油 2000 倍液等。

A.3.6　栗大蚜

a）消灭越冬卵　冬季或早春发芽前喷机油乳剂 50～60 倍液，或直接涂刷成片的卵。

b）药剂防治　在板栗展叶前、越冬卵已孵化后，选喷 5% 吡虫啉乳油 2000～3000 倍液，或 80% 敌敌畏乳油 1000～1500 倍液，或 2.5% 溴氰菊酯乳油、20% 杀灭菊酯乳油 4000～5000 倍液等。幼树可用乐果乳油 10 倍液涂干，再用塑料薄膜包扎，效果良好，又不致杀伤天敌。

附录 B
（规范性附录）
板栗主要病虫防治方法

B.1　栗疫病

a）加强检疫　从病区调入的苗木，除严格检验外，须在萌芽前喷洒 3～5 波美度石硫合剂或波尔多液（1∶1∶160），或用 0.5% 甲醛溶液浸种 30 分钟，5% 氯酸钠浸苗 5 分钟。

b）伤口防腐　注意对伤口涂抹防腐剂进行保护，以防治枝干害虫危害，减少伤口，降低侵染概率。

B.2　栗干枯病

a）壮树防病　改良土壤、增施肥料、不过度密植等。因此，通过良好的栽培措施，促进树体的正常生长，提高树体的愈伤能力，可以大大增强其抗病性，减轻干枯病的危害。

b）加强树体保护　近地面主干发病较多的栗园，可于晚秋进行树基培土。冻害发生较重的地区，应于晚秋进行树干涂白。高接换头时，应在接口处涂含有福美砷等杀菌剂的药泥，外包塑料薄膜保护。尽量避免在树体上造成伤口，若有伤口应妥善保护，防止病菌通过伤口侵入。

c）选用无病苗木及抗病品种　病害可通过苗木进行远距离传播，所以在引进和栽植栗苗时，应严格淘汰病苗。在栽植实生苗而后进行嫁接时，应提高嫁接部位。在发病较重地区扩种栗树时，应尽量选用耐寒、抗病的品种。

d）治疗病斑　及时处理病枝干，清除病死的枝条。治疗病斑时，刮治的基本方法是用快刀将病变组织及带菌组织彻底刮除，刮后必须涂药并妥善保护伤口，如 10 波美度石硫合剂，或 40% 退菌特可湿性粉剂 50 倍液，5% 田安水剂 5 倍液，或 60% 腐植酸钠 50～75 倍液等。也可用 70% 甲基托布津可湿性粉剂 1 份加豆油或其他植物油 3～5 份混合后喷施。

B.3　栗树木腐病

a）加强栗园管理　发现病死或衰弱老树要及时挖除或烧毁。对树龄弱或树龄高的栗树，应用配方施肥技术，以恢复树势增强抗病力。

b）清除病原　若病树长出子实体，则应马上去除，集中深埋或烧毁，病灶部涂 1% 硫酸铜消毒。

c）保护树体　减少伤口是预防本病重要有效措施，对锯口、伤口要涂 1% 硫酸铜液消毒后再涂波尔多液或煤焦油等保护，以利促进伤口愈合，减少病菌侵染。

B.4　板栗溃疡病

a）减少菌源　剪除发病枝，烧毁。

b）加强管护　常年风大地区，可设置防风林，减少伤口，降低侵染概率。

B.5　栗白粉病

a）减少菌源　结合冬季修剪，剔除病枝、病芽；早春及时摘除病芽、病梢。

b）加强管理　施足基肥，控施氮肥，增施磷、钾肥，增强树势，提高抗病力。

c）喷药保护　春季开花前嫩芽刚绽放时，喷布1波美度石硫合剂，或喷布15%三唑酮1000倍液。开花10天后，结合防治其他病虫害，再喷药1次。

B.6　板栗炭疽病

a）加强田间防治　结合冬季修剪，剪除病枯枝，集中烧毁；喷施灭病威、多菌灵，或半量式波尔多液等药剂，特别是4～5月份应控制大量菌源的产生。

b）适时采收　严格掌握采收的各个环节，适时采收，不宜提早收获。应待栗苞呈黄色、十字状开裂时，拾栗果与分次打棚。采收期每2～3天打棚1次，因不成熟栗果易失水腐烂。打棚后当日拾栗果，以上午10时以前拾果较好，重量损失少。

c）科学贮藏　采后将栗果迅速摊开散热，以在原产地沙藏较为实际。埋沙时，可先将沙用噻菌灵500毫克/千克液湿润，贮温以5～10℃较宜。

B.7　栗叶斑点病

a）加强管护　在密植园间伐，对枝整形修剪，使其通风通光，增强树势。

b）减少侵染源　集中烧去落叶或深埋，减少翌年侵染源。

B.8　栗锈病

a）减少侵染源　应注意清扫落叶，减少菌源。

b）强化保护　在7月中旬以后喷布1∶1∶160波尔多液，防止病原入侵。

参考文献

[1] 吕平会，等. 中国板栗生产与加工[M]. 西安：陕西人民教育出版社，1999.

[2] 孙益知，等. 板栗栽培和加工新技术[M]. 西安：西北大学出版社，1997.

[3] 秦岭，等. 板栗良种引种指导[M]. 北京：金盾出版社，2005.

[4] 姜国高，等. 板栗早实丰产栽培技术[M]. 北京：中国林业出版社，1995.

[5] 张铁如. 板栗无公害高效栽培[M]. 北京：金盾出版社，2004.

[6] 曹尚银，等. 优质板栗无公害栽培[M]. 北京：科学技术文献出版社，2005.

[7] 高海生，等. 板栗贮藏与加工[M]. 北京：金盾出版社，2004.

[8] 蓝卫宗. 板栗栽培技术问答[M]. 北京：中国农业出版社，1998.

[9] 高新一，等. 板栗栽培技术[M]. 北京：金盾出版社，1998.

[10] 龙兴桂. 中国板栗栽培管理技术[M]. 北京：中国农业出版社，1995.

[11] 周学森，等. 板栗丰产栽培新技术[M]. 北京：北京出版社，1999.

[12] 杨洪强，等. 绿色无公害果品生产全编 [M]. 北京：中国农业出版社，2003.

[13] 柳鋆. 板栗现代栽培技术 [M]. 江苏：江苏科技出版社，1998.